地域資源を活かす

吉原均　山崎和樹
新居修　川人美洋子　楮覚郎
宇山孝人　川西和男 著

生活工芸双書

藍《あい》

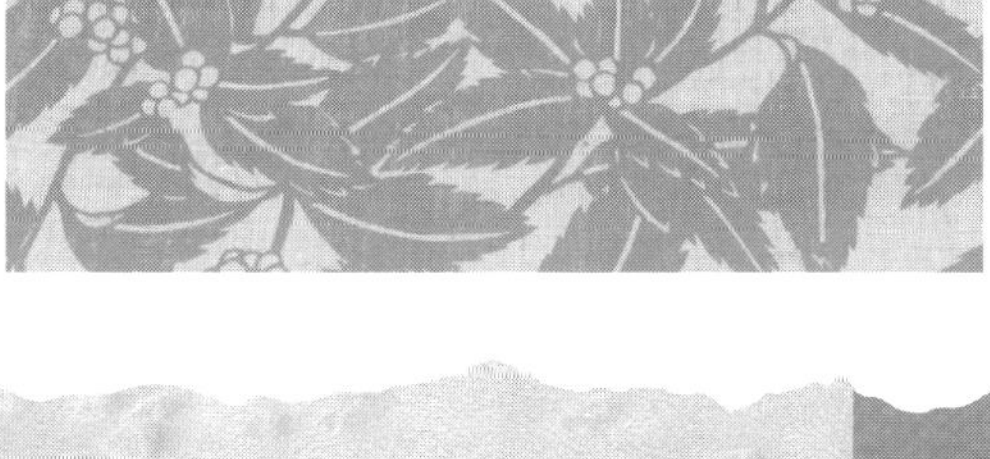

農文協

植物としてのアイ(藍)

●リュウキュウアイ。キツネノマゴ科の低木状草本。高さ50～80cm、沖縄など西南日本を除く地域では栽培は困難

染料植物のアイ

アイは青色色素「インディゴ」を生み出す植物で、タデアイ、インドアイ、リュウキュウアイ、ウォードなどが知られている。

●タデアイの花。雑草のタデに似て、先端の数節から枝分かれして紅や白色の小花がつく。種子は1g当たり約400粒

●タデアイ。タデ科の一年性草本。徳島県では明治時代の最盛期に1～1.5万haに作付けされた。色素はインディゴの前駆物質インディカンが葉のみに含まれる

●インドアイ。マメ科の木本。ナンバンコマツナギなど1.5m前後の半灌木。寒さに弱く日本では南西諸島など温暖な地域以外での実用栽培は困難

●ウォード。アブラナ科の二年生草本。茎の高さは1mほどになる。耐寒性があり、かつてはヨーロッパでも栽培された。生葉をすり潰して発酵させたウォードボールと呼ばれる蒅《すくも》のような染料にして利用された

●開発中の立ち上がる(立性)タイプの系統

●節から発根する

タデアイの品種

タデアイは節から容易に発根する。地面を這う性質の強い小上粉《こじょうこ》などは根付いた茎がからまりやすいので、作業効率上は、直立するタイプ(立性)の優良品種の育成が求められる。

●小上粉。徳島県で最も広く栽培されている品種。白花種と赤花種がある。白花種は現存品種中で開花期が最も遅い。地を這う匍匐性品種

●赤茎小千本。現存する唯一の立性品種。欠点は低収量で色素含量も低く、開花期が早いことである

●千本。地を這う匍匐《ほふく》性品種と上に高くなる立性品種との中間。機械適性が高く、ここで紹介する3品種中ではインディカン含量が最も多い

（*を除く写真：倉持正実）

藍染め

●アイによる染色

*「建て」、「建てる」とは還元させること。
建てることで染料として使えるようになる

アイ → 生葉 → 葉を布にあててたたく → たたき染め
アイ → 生葉 → 葉をジュースにする → 生葉染め
アイ → 生葉 → 煮出す → 煮出し染め
アイ → 生葉 → 乾燥させる → 葉　藍 → （発酵） → 蒅（すくも） → 蒅発酵建て
アイ → 生葉 → 水につける（2、3日） → 消石灰添加して攪拌して酸化 → 漉す → 沈殿藍
アイ → 生葉 → 沈殿藍 → 水・水あめ・清酒を加える → （発酵） → 沈殿藍発酵建て
アイ → 生葉 → 沈殿藍 → 消石灰・ブドウ糖を加える → 加熱 → 沈殿藍ブドウ糖建て

●藍による型染め　型紙で糊を付けてそこだけ染まらないようにして図柄を染めるもの

●染液に浸して染色し水洗いして干す

●型紙をはがし挽き粉をかけ干す

●型紙をあて防染糊を置く

●蒅（すくも）*

●高品質沈殿藍*

●沈殿藍を原料とした型摺り染め

●顔料を摺り込む

●型紙づくり

●仕上がり。和紙ハガキ（左）と麻布

●型紙をはがす

●藍発酵建て*—還元状態の見分け方

仕込んでから3、4日後に消石灰を投入するが、この投入時期をpHメーターなしで見定めるには下の写真のようにする。①ティッシュペーパーを丸めて染料液につけると②のように茶色に染まる。還元状態にないと③のように水洗いすると青くならない。再び④のように浸して水洗いすると⑤のように青くなれば還元状態なので消石灰を投入する。

（＊写真：healthy）

●藍染めのグラデーション（川人美洋子）

藍染料の利用

●高校生が開発した藍製品

（徳島市・徳島県立城西高等学校）

●麻つまみ細工。
ヘアピンス・トラップ

●マフラータオル

●阿波藍の地で起業。藍を育て色をつくる

㈱BUAISOUの製品から

●kendama（剣玉）。染色後は木の保護目的のオイルのみを使用。使い込むほど風合いが増す

●shoelace（靴紐）。綿100%の平紐、染色後に先端も再処理し藍色に

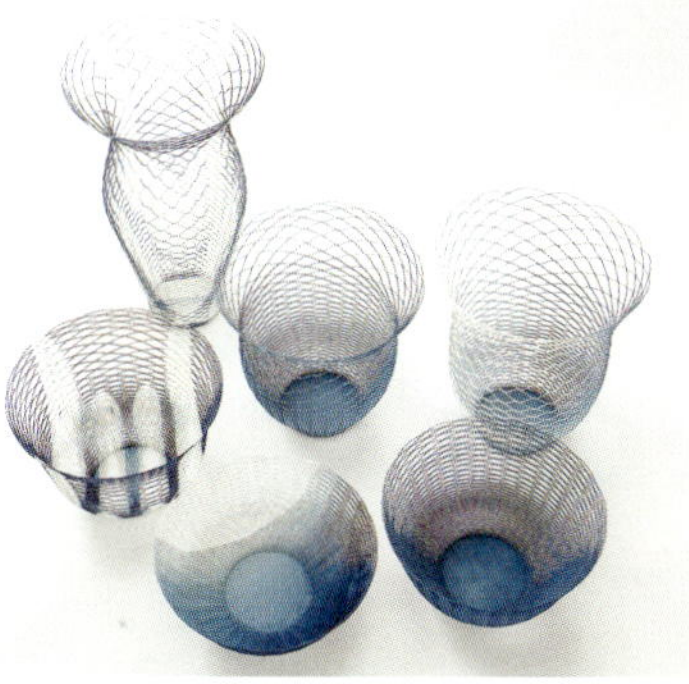

●「空気の器アーティストシリーズ」第七弾「空気の器 DYEP by BUAISOU」＊

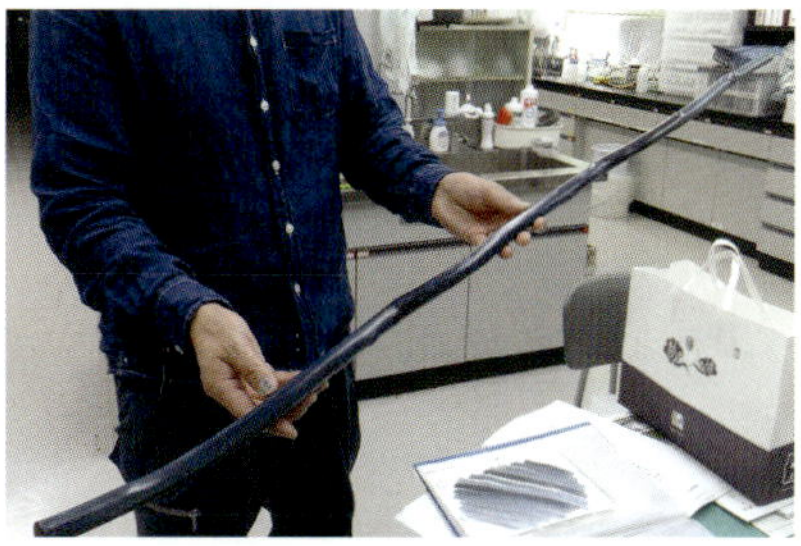

●高品質沈殿藍で木の枝を着色

●藍染料—今後の展開　顔料として—布以外への染色

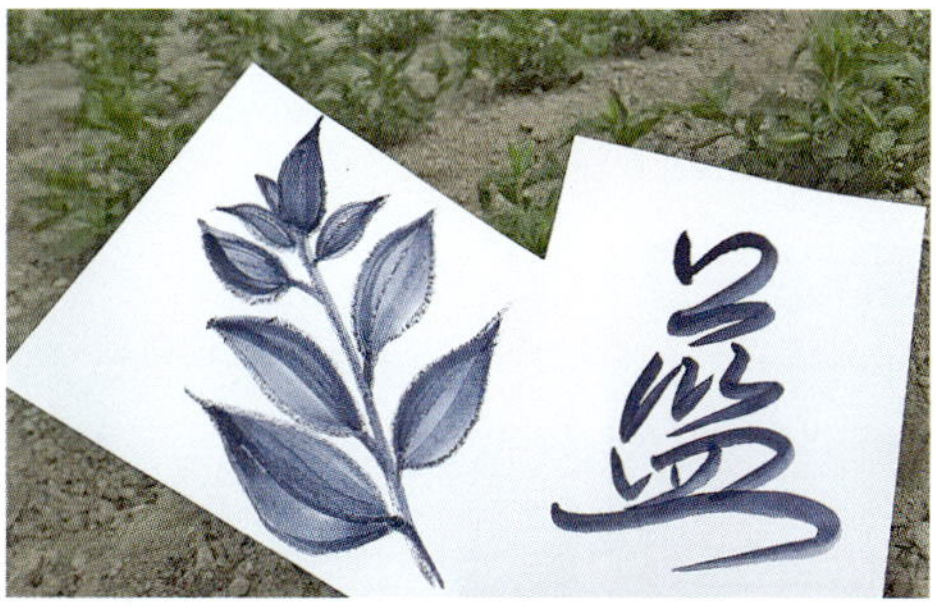

●高品質沈殿藍とクレヨンによる書画

●高品質沈殿藍利用のクレヨン（試作品）

●食材に利用する

（徳島県立城西高校ほか3校協働連携事業から）

●ジェラート

●マドレーヌ

●床板への染色

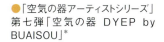

（写真　城田清志　*吉原均）

阿波藍（蒅《すくも》）をつくる

●アイを栽培する

●播種

●育苗

●アイの種。1gで400粒
（提供：徳島県立城西高等学校）

●初期は除草と中耕培土

●移植

●開発された刈取り機による刈取り*

●収穫。ビーンハーベスターによる刈取り

●藍粉成し

刈り取ったアイを茎と葉に分け、箒で裏返しながら天日乾燥させて葉藍をつくる工程を「藍《あい》粉《こ》成《な》し」と呼ぶ

●葉と茎を切り分けたあと、大型扇風機が葉と茎を選別するのに活躍

●夏の炎天下、ハウス内でも葉を箒で掃き、裏返しながら乾燥させる

●晴天の続く日に天日乾燥

●干しあがった葉藍を筵でつくった「ずきん」に詰めて保管

蒅《すくも》づくり

●発酵寝床に葉藍を広げる

●水を打ち「はね」を使って混ぜ合わせる

●1mの高さに積み上げて
お神酒をあげる

●発酵してくる葉藍

●発酵具合を見ながら水を打つ

●筵でできた「ふとん」をかけて保温する

●発酵の具合を見極めて次の手をうつ

●発酵熱は70℃に上がり、
蒸気と鼻をつく独特の臭気の
なかでの切り返し作業

●くまなく発酵させるために
篩《ふるい》に掛ける「通し」作業

●発酵温度を調節するために筵でつくった
「ぼうず」を差し込む

●仕上がった蒅*

●仕上がった蒅を叺《かます》に
入れて出荷する

（写真と文：山崎和樹）

藍の重ね染め

青色があれば黄色や赤の染料との重ね染めで、緑、紫、黒を染めることができる。草木染には藍染が必須である。ここでは、藍と重ね染めするための草木染の基本技法を紹介する（本文p82参照）。なお、明礬媒染は焼明礬、鉄媒染はおはぐろ液を使用している。

●深緑（ふかみどり）藍（蒅発酵建て）＋カリヤス（苅安、明礬媒染）200％（布に対する染料の重量比、以下同じ）

常緑樹のように深い緑色。蒅《すくも》の発酵建てで染色した上に、カリヤスの明礬《みょうばん》媒染で染め重ねた。藍の濃さを変えることで青緑から黄緑に染色できるが、緑にするには藍の色が一番彩度の高い縹色《はなだいろ》ぐらいの色がよい

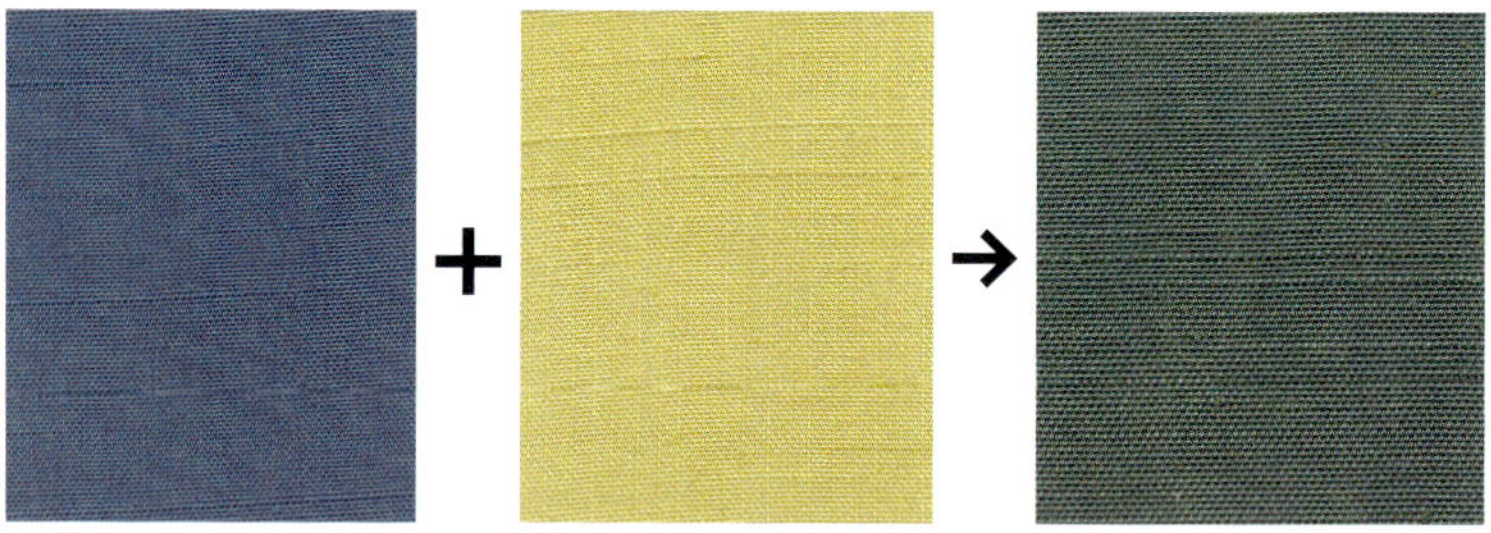

●アイ　●カリヤス（明礬媒染）　●深緑

●浅緑（あさみどり）タデアイ・生葉染め（無媒染）100％＋黄蘗《きはだ》（無媒染）100％

藍の生葉染めで染色した後、黄蘗の無媒染で染め重ねた。鮮やかな黄蘗の黄色に、少しずつ藍が染まり、さわやかな黄緑が染まる。染色していると色が湧いてくるようで、わくわくする。黄蘗は日光に当たると茶みの色になるので、陰干しするなど注意が必要

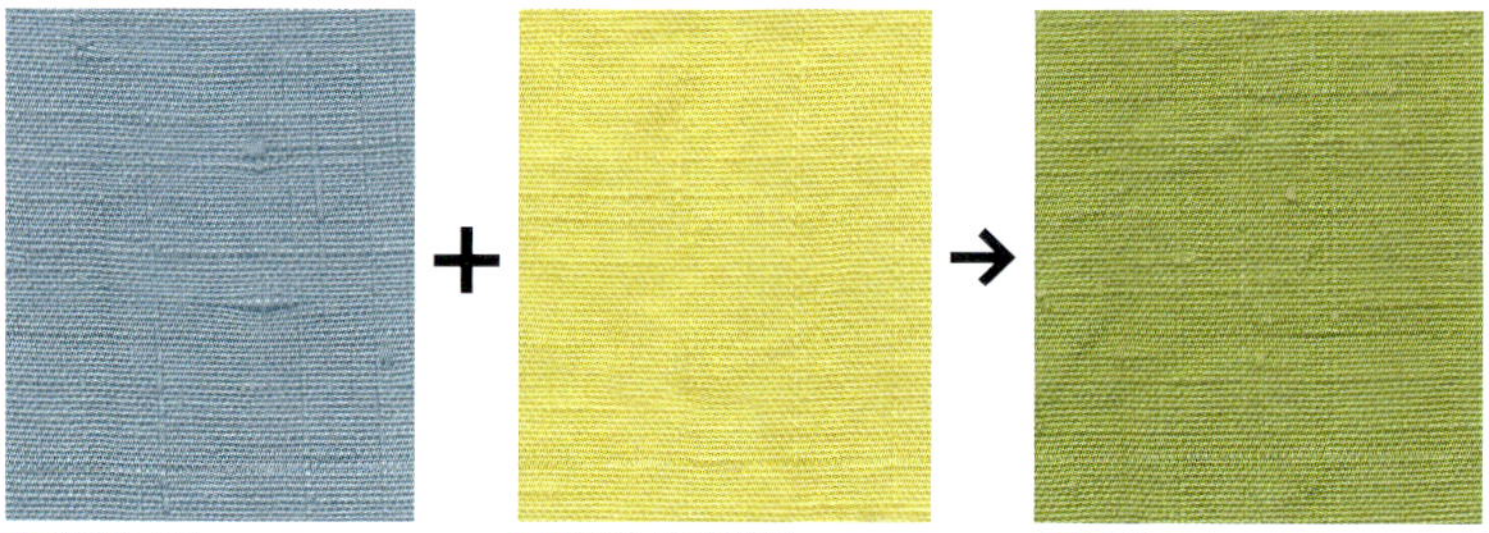

●藍（生葉）　●黄蘗（無媒染）　●浅緑

●萌葱（もえぎ）コブナグサ（明礬《みょうばん》媒染）300％＋タデアイ・生葉染め100％

草や木が萌え立つときの色からきた色名で黄緑色。鶸萌黄《ひわもえぎ》は真鶸《まひわ》の羽の黄色より少し青みの色。小鮒草の明礬媒染で染色した後、藍の生葉染めで重ね染めした。小鮒草はカリヤスよりも鮮やかな黄色を染めることができ、黄蘗よりも日光に強いので変色は少なく実用的。夏、穂が出る前の小鮒草を染めるとよい。澄んだ黄色が染まる。槐、苅安、小鮒草が日光に比較的強いのは、同じ色素構造を持つからである

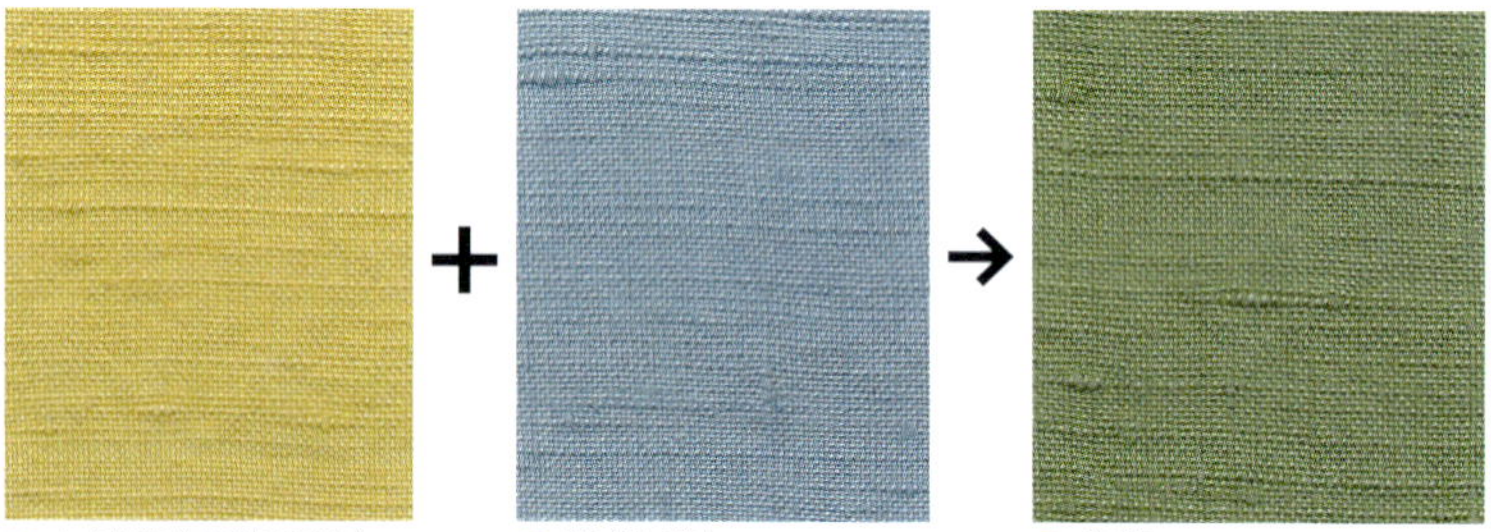

●小鮒草（明礬媒染）　●藍（生葉）　●萌葱

●桔梗色（ききょういろ）藍（蒅発酵建て）＋コチニール（明礬媒染）

桔梗の花に似た青みの紫色。「諸色手《しょしきて》染草《そめくさ》」には藍、スオウ（蘇芳）、明礬が使われ、「當世染物鑑《とうせそめものかがみ》」には「似桔梗」という色名もあり、藍と蘇芳と明礬で染められたことが記されている。江戸時代、庶民が紫根染を着ることを禁じられたことから、藍と蘇芳の重ね染めで「似紫」が染められた。蒅の藍染で縹色に染め、蘇芳よりも変色しにくいコチニールの明礬媒染で重ね染めした

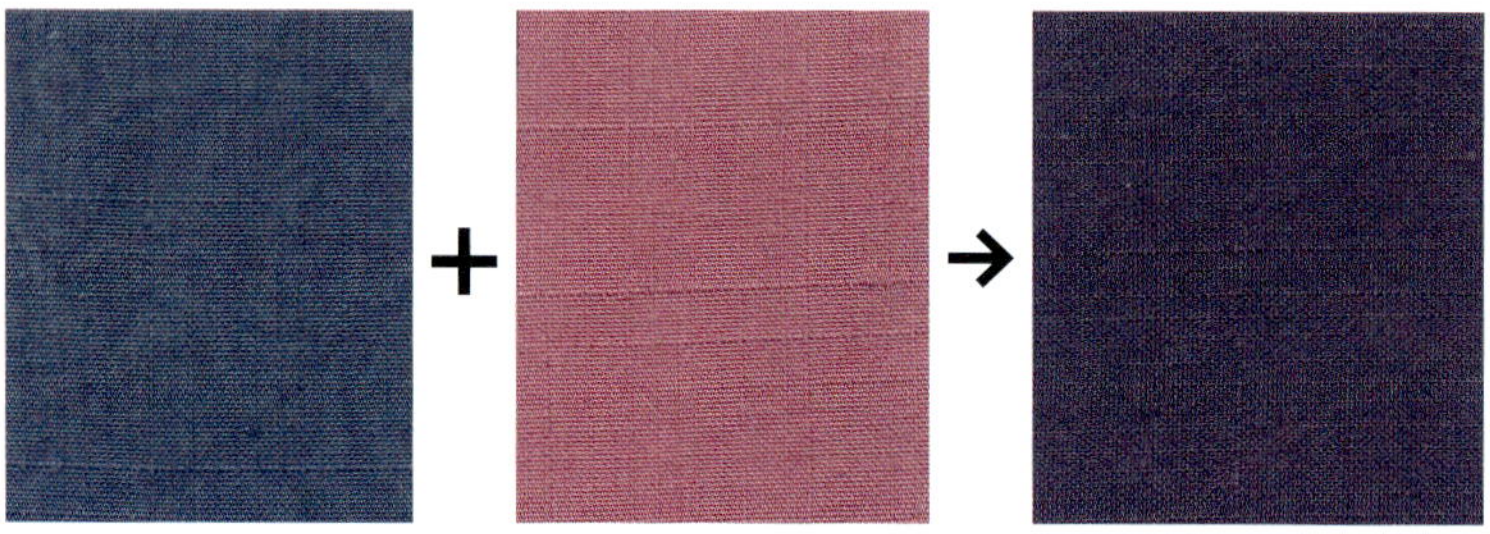

●蒅藍　●コチニール（明礬媒染）　●桔梗色

二藍（ふたあい） タデアイ・生葉染め（無媒染） ＋ 紅花（桃染）（無媒染）

藍と紅花の重ね染めによる紫色で、平安時代の夏の装束の色。藍は「染料」の意で、青藍と赤藍を重ね染めしたため、二藍と言われるようになった。藍の生葉染で浅葱色に染色、澄んだ色にするために、紅花染は紅木綿から紅色素を抽出する桃染の技法で重ね染めした。藍染の発酵建てで二藍を染める時は、藍を先に染める。なぜなら藍の染料液はアルカリ性なので、紅花の赤色素が溶出するからである

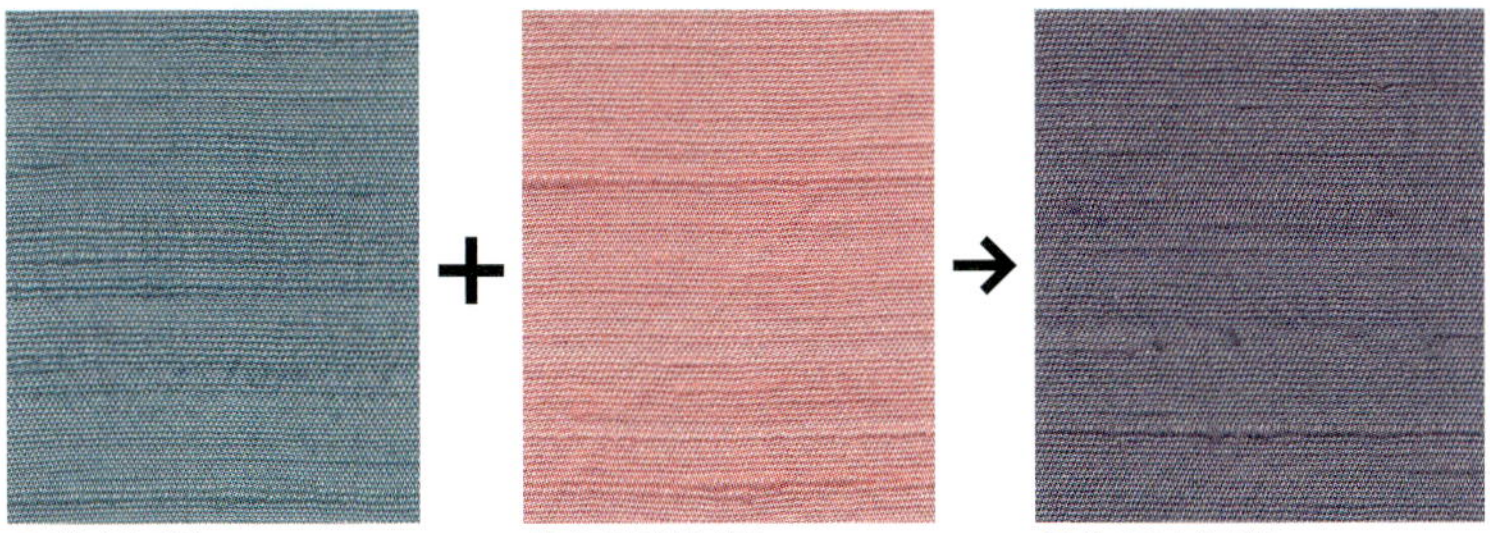

藍（生葉）　紅花（桃染）　生藍＋紅花

藍鼠（あいねずみ） 藍茎300%（鉄媒染） ＋ 藍生葉100%（無媒染）

青みのある鼠色。「染物早指南」には、「唐藍、墨、石灰水、豆汁」とあり、藍と墨で染められている。藍の茎を煮出して鉄媒染で鼠色に染め、藍の生葉染めで重ね染めした。藍の生葉染めでは茎を使わないので、茎を挿し木にして、また藍を育ててもいいが、鼠色を染めて有効に利用するとよい

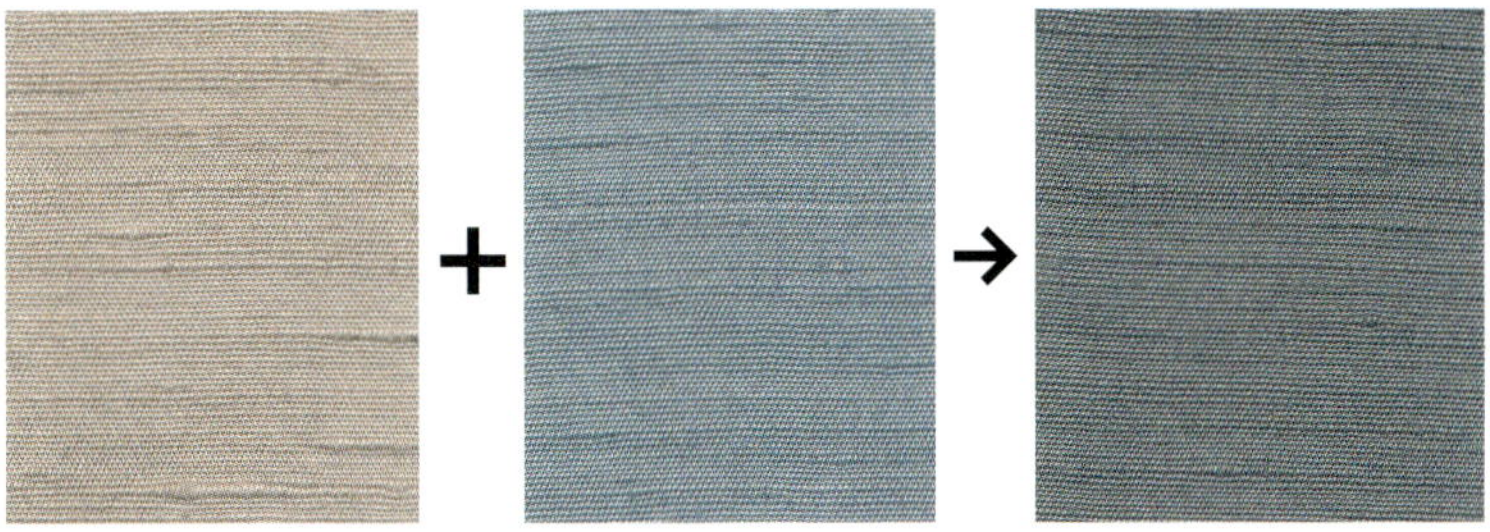

茎（鉄媒染）　藍（生葉）　藍鼠

憲法染（けんぽうぞめ） 藍・発酵建て（花色） ＋ 楊梅《やまもも》（鉄媒染）

緑みの黒で、「當世染物鑑《とうせいそめものかがみ》」には藍で染めた後、楊梅《やまもも》の鉄媒染で重ね染めしている。この色名は、剣術家の4代目当主吉岡直綱（号は憲法）の個人名に由来する。吉岡一門は足利将軍の剣術指南として名を挙げたが、大坂の冬の陣で豊臣方につき、敗戦したことを恥じて兵法を捨て、家伝であった染物業に専念したと言われる。蒅《すくも》藍で花色に染色した上に楊梅の鉄媒染で重ね染めした

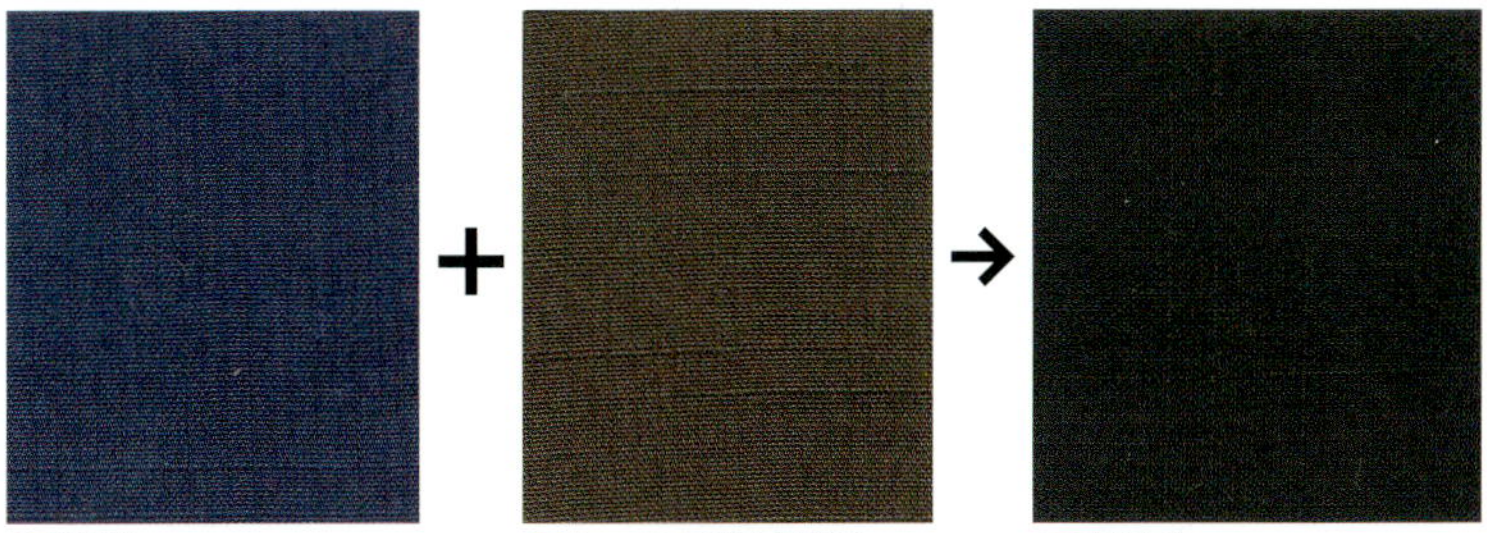

蒅藍　ヤマモモ（鉄媒染）　憲法染

藍御納戸（あいおなんど） 藍（発酵建て） ＋ 夜叉附子《やしゃぶし》100%（鉄媒染）

青みの黒色。納戸は暗い部屋であることからつけられた色名。『染物早指南』に下染を藍の中色に染め、夜叉附子の鉄媒染で染める方法が記されている。これを参考に、染《すくも》藍の発酵建てで中色に染色し、夜叉附子の鉄媒染で染め重ねた。同書の「鉄御納戸」は同じ方法で染めているが、藍の下染が空色でやや薄い

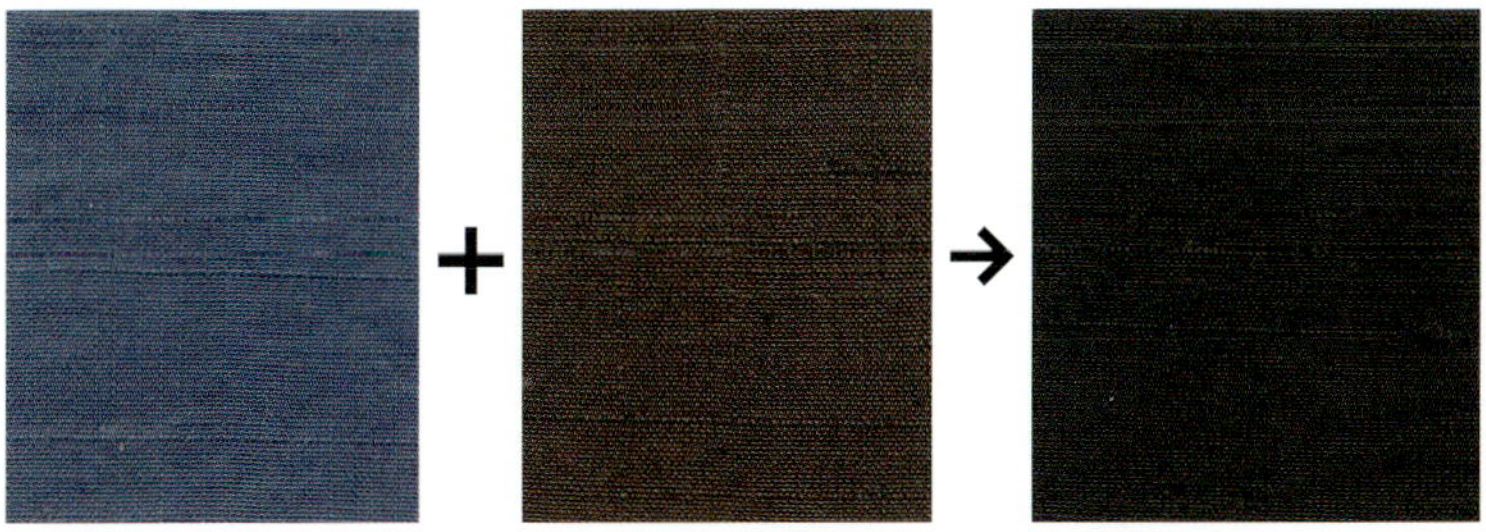

染藍　ヤシャブシ（鉄媒染）　藍御納戸

(写真：倉持正実)

藍をベースにした重ね染めの実際

●藍をベースに

青色があれば、黄色や赤の染料との重ね染で、緑、紫、黒色を染めることができる。草木染には藍染めが必須である。

●キハダを煮出す。カリヤス、ヤシャブシも同様にする

●紅花黄色色素抽出。ベニバナには水によく溶ける黄色色素が含まれるので、一晩水につけて抽出

●素材。左上から時計回りにカリヤス、ヤシャブシ、キハダ、ベニバナを使う

●紅花の紅染め・桃染め＋藍(生葉染め)→紫

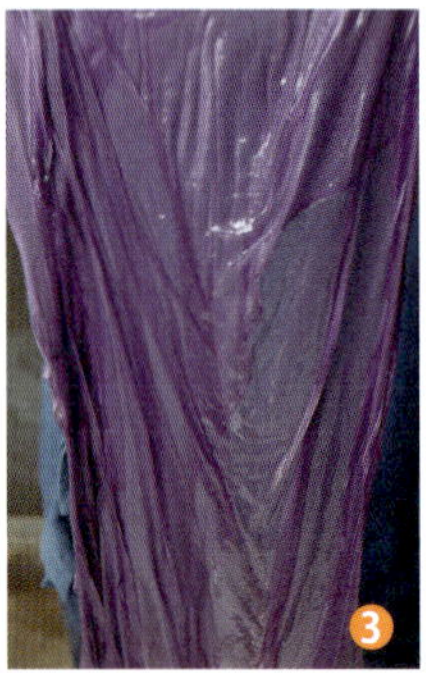

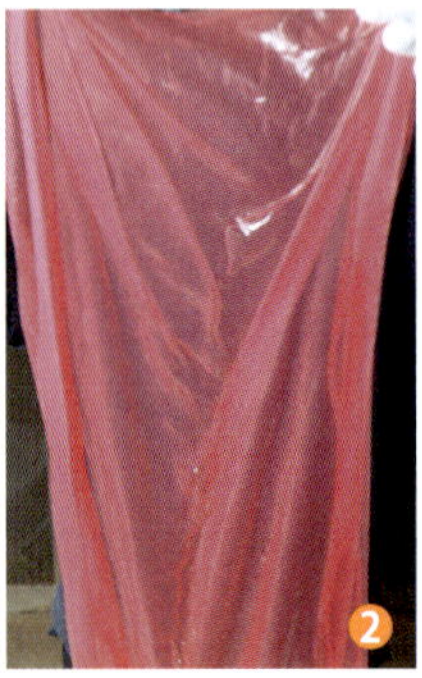

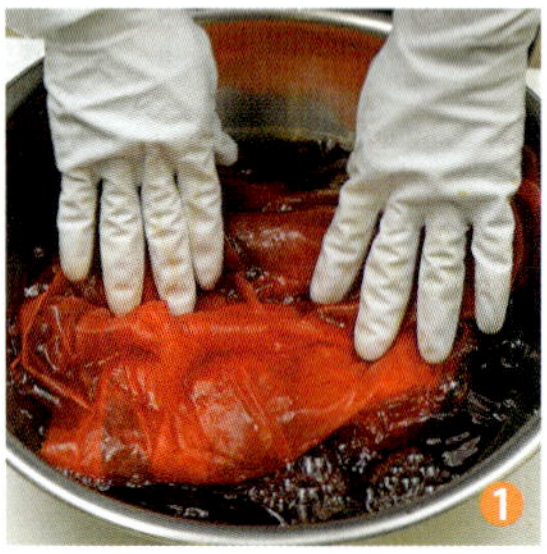

①紅色素液をクエン酸で中和し絹布を染める(紅染め)。②紅染めで染色した紅木綿からアルカリ水で紅色素を再抽出し、できた染液を中和して絹布を染める(桃染め)。③藍の生葉染めした絹布を桃染めすると紫に染まる

●紅花の紅色素抽出。アルカリ水(炭酸カリウム)にベニバナを浸して紅色素を抽出

●藍(生葉)＋キハダ→浅緑

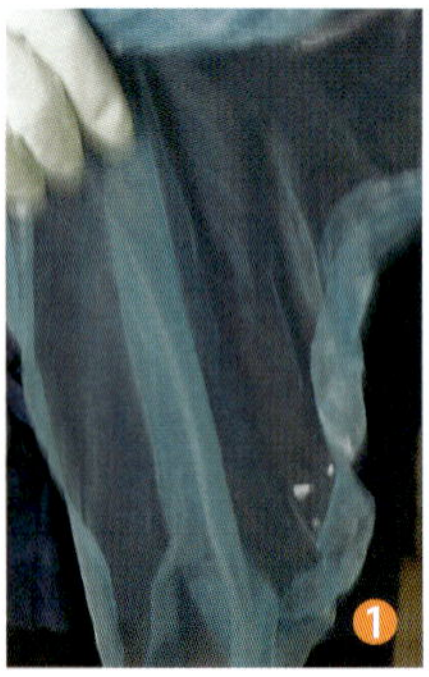

①絹布を藍の生葉染めで薄い青に染色。②絹布をキハダ無媒染で染色。③藍(生葉)にキハダで重ね染めすると浅緑に染まる

●単色と重ね染め一覧

●藍染め、藍生葉染め、キハダ染め、カリヤス染め、ヤシャブシ染め、ベニバナ染めを組み合わせて染色

●藍(発酵建て)＋カリヤス→深緑

●藍生葉＋ベニバナ桃染め→紫

はじめに

本書は主にタデアイを取り上げています。藍色を染めるときに利用される染料植物の一つです。一口に藍色といってもいろいろです。平安時代の官僚には、階位によって定められた服色があり、それを染めるための材料とその数量が、行政の施行細則である「延喜式」に示されていました。当時の染色はすべて植物による草木染ですが、材料の量は同じでも、生糸のつくりや染剤に用いる植物の含有成分の違いなどにより微妙に色味が異なります。この「延喜式」に規定された藍をベースにした色とは、深緑《ふかきみどり》、浅緑《あさきみどり》、黄浅緑《きあさみどり》、青緑、深縹《ふかきはなだ》、中縹《なかのはなだ》、浅縹《あさきはなだ》、深藍色《ふかきあいいろ》、浅藍色《あさきあいいろ》でした。一口に藍色といっても、苅安《かりやす》や黄檗《きはだ》との重ね染めをして染め分けるものでした。

『草木染日本色名事典』という本があります。1989年7月の刊行です。この中には奈良時代の『古事記』から明治の文学作品までの中から色名を選び出して、「延喜式」などの文献史料も参考にしながら432色が染色再現されて収録されています。著者は山崎青樹《せいじゅ》。明治以降、合成染料の輸入が増え天然染料が席捲されるような時代の流れのなかで、世界恐慌が起きた1929年に、伝統染色の復興や養蚕農家の不況の対策のために、絹糸を天然染料で染め、手機による織物「紬《つむぎ》」を復興する運動を始めた山崎斌《あきら》の息子です。「草木染」という言葉も山崎斌による命名でした。

「事典」に収録された432色のうち102色は、藍があったから生み出された色であることがわかります。青褐《あおかち》、菖蒲革色《しょうぶかわいろ》、萌葱《もえぎ》、松葉色、笹色、老緑のほか、紫にも藍は必須で、二藍《ふたあい》、花紫、藤紫、藍紫などがあります。まさに「藍は草木染に必須の色」であるということでしょう。日本列島で生み出される天然染料のベースにある色のひとつが藍でした。

染色一つとっても、日本列島に暮らしてきた私たちには多くの蓄積があることがわかります。ベニバナからアルカリ水で抽出した染液をクエン酸添加などで中和して、白の木綿をつけると、紅色に染まります。染まった紅木綿を、炭酸カリウムなどでアルカリ性にした水につけると紅色の染液ができます。ここに白の絹をつけると鮮やかなピンク色に。同じくあらかじめ藍の生葉染めにしておいた薄い青の絹布をつけると、あでやかな紫色に変わります。これはわくわくするような色の変化です。酸とアルカリの間を行き来しながら、染め上げる重ね染めは、日本列島にある染料植物から抽出した天然の色を組み合わせて、多様な色を生み出す知恵でした。

藍をはじめ染料植物による「染め」を、暮らしのなかに取り込んでみると、身近な植物をより深く知ることにつながります。深く知ること、これは豊かさの実感につながると思います。

本書では、まずタデアイ、リュウキュウアイ、インドアイなど藍の色素を含む植物の特性をまとめました。次いで徳島県でのタデアイ品種の開発のようす、タデアイの栽培の仕方のほか、収穫後の乾燥した葉藍を発酵させた染料である蒅《すくも》の産地・徳島県での藍栽培の歴史、阿波藍の特徴、タデアイを生産し、蒅を製造する藍師のなりわい、藍の染料による型染めや重ね染めの技法にふれ、最後に若い世代による新たな藍染めの取り組みをまとめています。

本書は藍に焦点を当てていますが、日本列島で培われてきた天然染色の知恵に関心が向かう一助ともなれば幸いです。

２０１９年７月

農山漁村文化協会

生活工芸双書 藍《あい》

目次

3章 栽培と利用……55

植物の形態とその表記

図1　葉の付き方

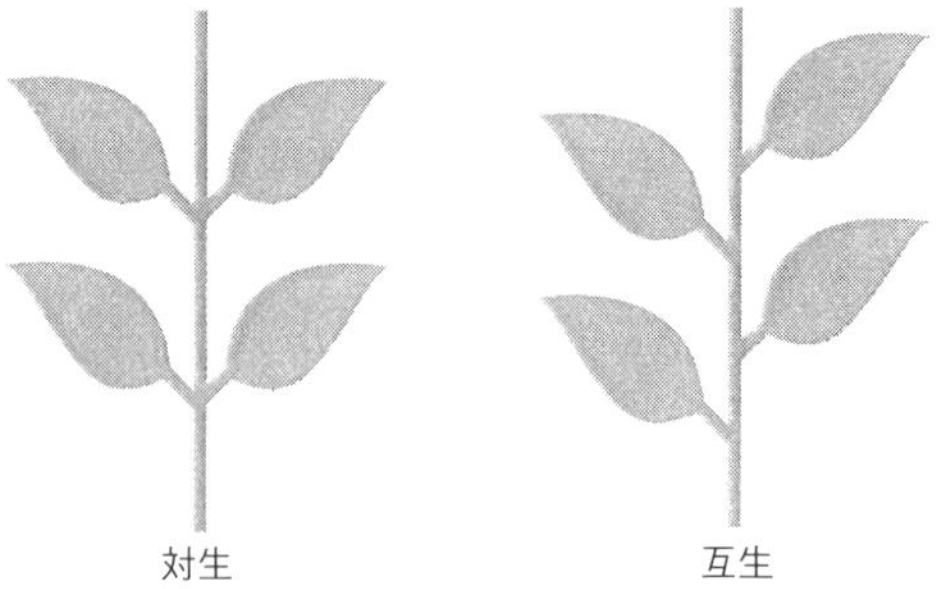

対生は、茎の1つの節に向かい合って2枚ずつ葉が付くもの。互生は1つの節に1枚ずつ葉が付くものをいう。

図2　単葉と複葉

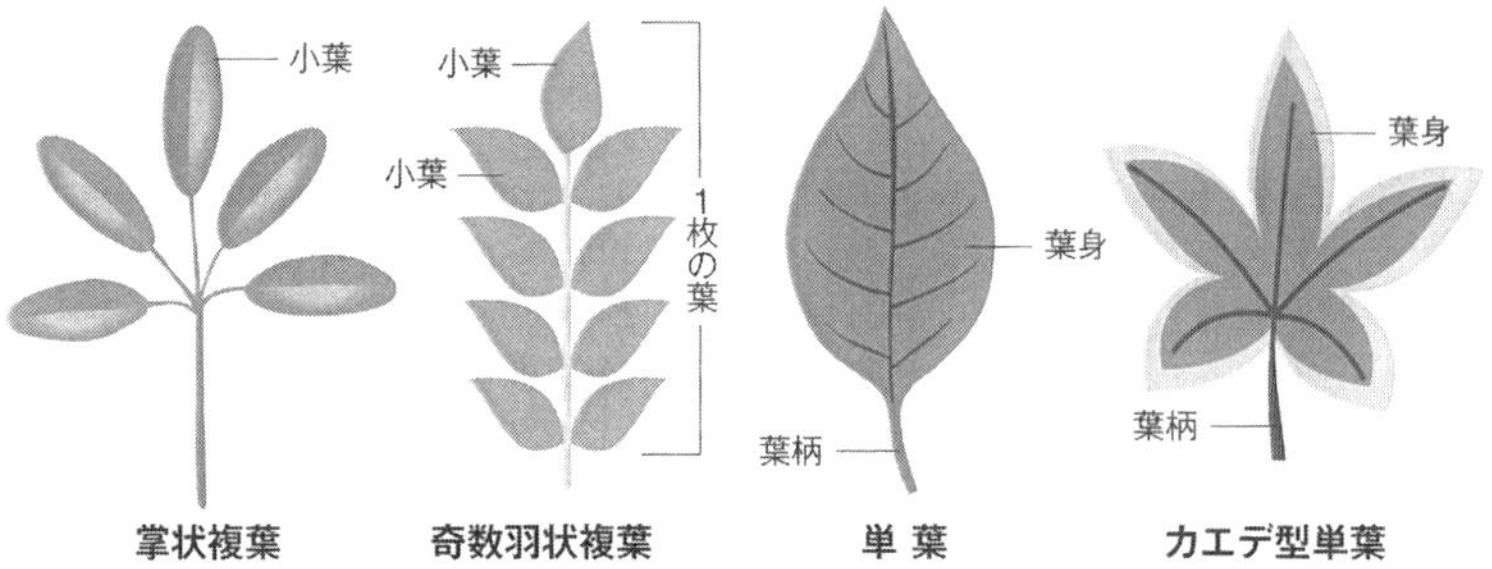

複葉は、葉身(葉の平らな部分)が小葉と呼ばれる小さな部分に分かれた葉のこと。別々の小さな葉のように見えるが、じつは1枚の葉とみなされる。複葉には、掌状複葉と羽状複葉がある。掌状複葉は、数枚の小葉がすべて同じ葉柄の先端から出ているもの。羽状複葉は、中央の一本の葉柄の左右に小葉が並んでいる。単葉は1枚の葉身からなるもので、複葉ではないすべての葉が複数付いていると複葉に見えることがあるが、複葉の場合は小葉がすべて同じ面に対して平行に付いている。

図3　花序のいろいろ

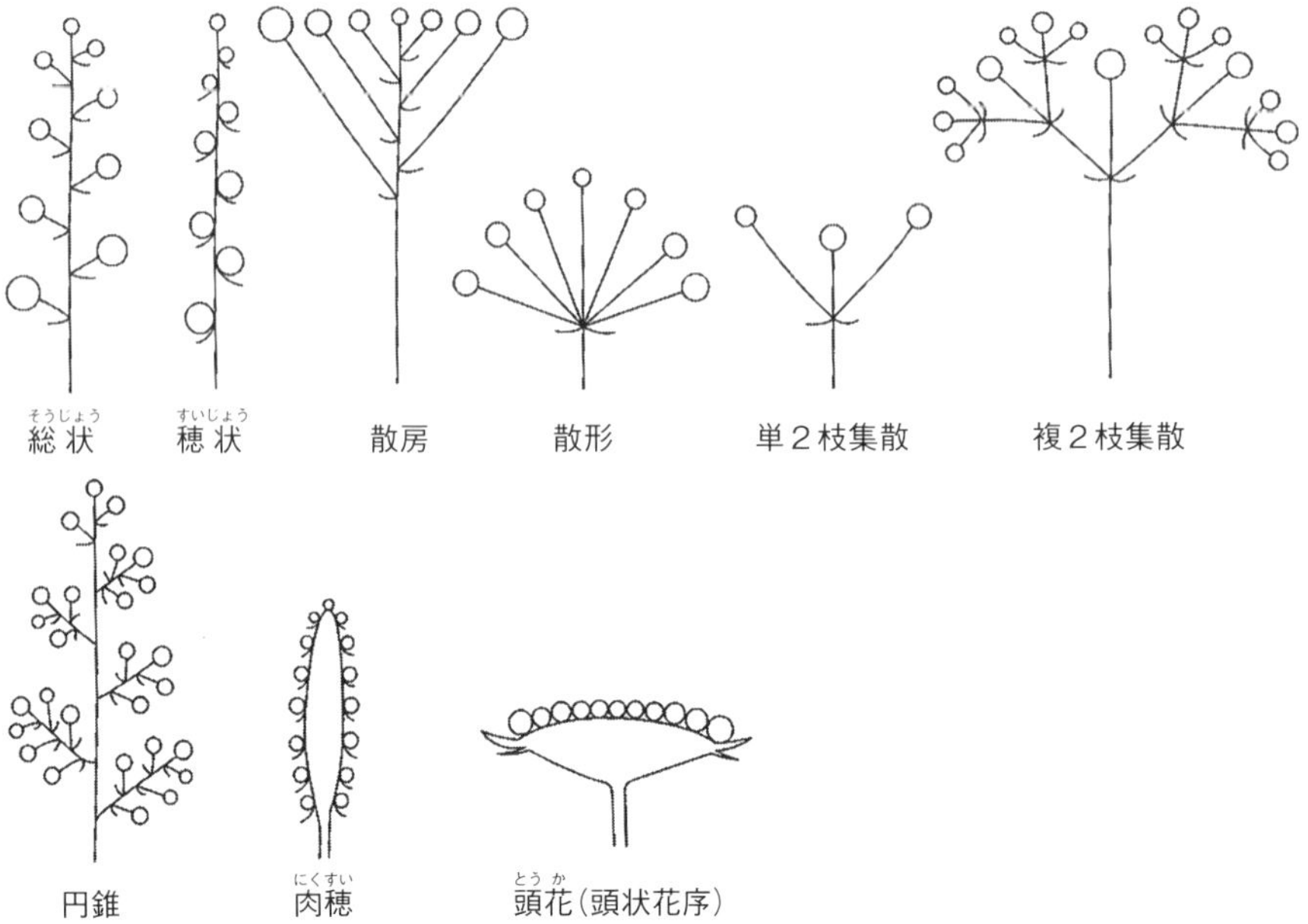

1章

植物としての特徴

藍色を生み出す植物

藍とは、青色の色素「インディゴ」を含む染料、もしくはその染色物を指す場合と、その原料となる植物を指す場合がある。藍染料としては、主に「生葉」「蒅《すくも》」「沈殿藍」の3つが挙げられるが、生葉の産業利用はほとんどなく、蒅と沈殿藍が主である。もちろん乾燥葉から染色液をつくることも可能であるが、これを商業的に利用している例は今のところ少ない。

徳島は古くからタデアイを原料とした蒅の産地であり、徳島産の蒅は「阿波藍」と呼ばれ、その品質の高さで今も全国に知られている。

蒅(すくも)。生葉を刻んで天日乾燥後、堆積・加水して発酵させ、何度も切り返して約120日かけて堆肥状にした染料

沈殿藍。アイの生葉を水に数日間入れ、その溶液を消石灰等でアルカリ性にした後、空気を送り込み沈殿させてつくった染料

藍染料には、タデアイ、インドアイ、リュウキュウアイ、ウォードなど世界中で様々な植物が原料として用いられており、それぞれに適した形態の染料に加工されている。これら含藍植物共通の特徴は、生葉にインディゴの素となるインディカンを含んでいることで、現在わが国で実用栽培されているのは、タデアイ、インドアイ、リュウキュウアイである。次項から、主な含藍植物の特徴と利用形態について述べる。

●インドアイ

◎分類・形状

マメ科の木本。ナンバンコマツナギ(*Indigofera suffruticosa* Mill)のようなIndigofera属の含藍植物がインドアイと呼ばれている。高さ1・5m前後の半灌木で、葉は羽状複葉で互生する(以下、植物の形状を表す用語は8頁図

インドアイ。日本での大規模実用栽培は難しい。主に沈殿藍に加工

参照)。花は紅色または淡紅色を呈する小型の蝶形花で、葉腋に花を密につけた穂状の総状花序。種子は1さや当たり10個前後を蔵し、さやは円柱状で1カ所に数本を下垂してつける(『植物遺伝資源集成』第4巻)。

◎**栽培特性**

寒さに弱く、日本では南西諸島など温暖な地域以外での実用栽培は困難である。沈殿法を用いて沈殿藍に加工される。ちなみにインドアイからつくられた沈殿藍もインドアイと呼ばれることがある。区別するため、本稿では後者を「インド藍」と表記する。

沈殿法では、まず刈り取った含藍植物を容器に入れて水に浸し、数日間置く。すると水には、インディカンから変化したインドキシルが多量に含まれている状態となる。インドキシルは水溶性で無色のため、この段階の溶液は葉緑素などの影響で緑がかっている。植物体を取り除き、溶液を消石灰などでアルカリ性にした後、空気を送り込んで酸素と反応させるとインディゴが生成する。インディゴは水に不溶なので、そのまま静置すれば容器の底に沈殿する。その沈殿物を取り出し、ペースト状のままか、もしくは乾燥させて利用する。これが沈殿藍と呼ばれる染料である。

◎**なぜ日本では沈殿藍が広がらなかったのか**

世界的には藍染料として主流ともいえる沈殿藍なのだが、小池基之によれば、日本ではインド藍の輸入によって蒅が脅かされ始めた明治期になって、タデアイからの沈殿藍づくりに本格的に取り組んだようである。製藍の民俗誌的な比較研究に取り組んだ井関和代によれば、朝鮮半島や中国大陸では、タデアイからの沈殿藍づくりが行なわれている。それにもかかわらず、なぜ日本では蒅に加工する技術が中心となったのだろうか。

確かに、組織が柔らかいタデアイでは沈殿藍に葉の残渣が多く混入し、インディゴ含有率が低く緑色が強いものになりやすいため、インドアイやリュウキュウアイから製造した沈殿藍と比べると見劣りする。

しかし絵の具のような顔料としての利用なら致命的だが、繊維を染めるために利用するなら十分な品質であると思える。にもかかわらず、古代の生葉染め、乾燥葉染めを除けば、わが国でタデアイの利用形態は蒅だけといってよい。理由はいくつか考えられる。

①井関和代によれば、平安時代にまとめられた「延喜式」には、生葉や乾燥葉による染色について記載されていること、乾燥葉染めから蒅が生まれたとされることから考えて、日本では初期に生葉や乾燥葉が使われ、そのまま蒅に移行したため、沈殿法を用いることなく近代に至った。

②蒅には発酵建て(染液をつくる方法の1つ)に必要なバクテ

リアやその養分となる物質が大量に含まれているため比較的発酵させやすいと言われているが、このことから蒅が選ばれた。

③沈殿法よりも、堆肥づくりなどの農作業に近い蒅のほうが馴染みやすかった。

私は、今のところ①が有力だと考えている。しかし沈殿藍なら5日もあれば完成するが、蒅なら100日以上かかる。いくら先人たちの気が長かったとしても、この差は大きい。沈殿法の存在を知らなかったとも考えにくい。高温多湿のため、発酵がコントロールし難いと思われる熱帯地方で蒅が発達しなかったのは理解できるが、どちらもつくれる環境で何故、蒅のみが発達したのか。残念ながら、筆者は未だに納得できる答えには至っていないのである。

●リュウキュウアイ(*Strobilanthes cusia* O.Kuntze)

◎分類・形状

キツネノマゴ科の低木状草本。インドアイと同じく、沈殿藍に加工される。高さ50~80㎝になり、幼い茎や花序に、短い横に寝た毛が生えているほかは全体無毛である。葉は対生し、卵形または卵状披針形で、先端は尖り、基部は急に狭まって短い葉柄になる。葉縁にまばらに低い鋸歯があり、葉質はやや多肉である(『牧野新日本植物図鑑』)。

リュウキュウアイ。日本での大規模実用栽培は難しい。主に沈殿藍に加工

リュウキュウアイの花

◎栽培特性

現在でも、沖縄でリュウキュウアイを原料とした沈殿藍が生産されているが、栽培面積の減少が問題となっている。寒さに弱く、沖縄などを除いた日本での実用栽培は困難である。また半日陰でよく育つという、タデアイやインドアイとは大きく異なる特徴を持つため、栽培には山際の半日陰を利用したり、寒冷紗などで遮光する必要がある。栽培は種子ではなく、挿し木からスタートする。種子はできないと言われており、筆者が所有するリュウキュウアイも花は咲き、実はできるのだが、充実した種子を見たことがない。

なお、タデアイのような〝品種〟に当たるものはないようだ。ウォード、インドアイ、リュウキュウアイもタデアイと同じく、人工交配などによって積極的に品種改良された形跡が見当たらない。もし現代の技術でこれらの植物を改良できれば、関連産業の活性化に貢献できるのではないだろうか。

●ウォード(*Isatis tinctoria* L.)

◎分類・形状

アブラナ科の二年生草本。茎の高さは1mほど、青緑色で帯粉し、ふつう白く柔らかい毛におおわれる。葉は互生し、長さ6〜13㎝の長円状披針形で、まばらに鋸歯を持ち、基部が茎を抱く。春に、直径8㎜ほどの黄色い花を枝分かれしたやや密な総状花序につける。短角果は、長さ10〜15㎜のくさび形で、下垂する。(『朝日百科　植物の世界第6巻』)

ウォード(タイセイ)。耐寒性。ヨーロッパで広く栽培されたが、インドアイ原料の沈殿藍が輸入されて衰退。主に蒅のような染料(ウォードボール)をつくる

◎栽培特性

耐寒性があり、寒い地方でも育つ。かつてヨーロッパで広く栽培されていたが、インド藍が輸入されたために衰退した。生葉をすり潰し、団子状にして発酵させた染料(ウォードボール)をつくり利用した。かつて徳島と同じようにウォードで栄えたフランス南西部の都市トゥールーズでは最近、ウォードの実用栽培が復活しつつあるという。現地でウォードは「パステル」と呼ばれている。

●タデアイ(*Polygonum tinctorium* Lour. Syn: *Persicaria tinctoria* (Aiton) H. Gross)

◎分類・形状

タデアイは、タデ科に属する一年生の草本植物で、本葉が5、6枚に達すると、基部の脇芽から盛んに分枝を始める。葉は長楕円形で、葉長は約10㎝、葉幅は約5㎝、短い葉柄があり、1茎に十数枚の葉が互生する。花は雑草のタデと類似し、茎頂端側の数節から枝分かれし紅色または白色の小花が穂状につく。そう果(痩果。中に1個の種子を持つ果皮の硬い小さな果実)は、がくに包まれており、3稜のある卵形で黒褐色あるいは茶褐色であ

タデアイ。主に蒅に加工する

る。そう果は２～３㎜で、１ℓの重量は約５５０g、１g当たりの粒数は約４００粒である（『牧野新日本植物図鑑』『地域生物資源活用大事典』『農学大事典』）。

タデアイの花

◎栽培特性

日本での栽培は江戸時代より明治中期にかけて盛んで、明治30年には作付面積のピークとなる約5万haが栽培されていた（『植物遺伝資源集成』第4巻）。徳島県では明治10～35年頃に最も広く栽培され、全国の作付面積の25～30％（１～１・５万ha）を占め、徳島県内ではイネ、麦類に次ぐ主要作物であった。しかし、明治中期よりインド藍が輸入され、さらにその後に合成インディゴ（インディゴピュア）が開発された影響を受けて、栽培面積は急速に減少した（『徳島県立農業試験場八十年史』）。

タデアイの場合、インディゴの前駆物質であるインディカンは葉のみに含まれるため、蒅をつくる場合には葉と茎を分別する作業が行なわれている。乾燥させた葉を堆積、加水して発酵させ、何度も切り返し、約１２０日間かけて堆肥状にしたものが蒅である。蒅をつくる職人は藍師《あいし》と呼ばれている。蒅は古くから日本中で生産されていたが、１２０年ほど前にドイツで化学藍（インディゴピュア）の工業的生産方法が確立されて以来、衰退してしまった。この化学藍の青色成分は天然藍と同じインディゴであるが、天然藍が含む青以外の色素（赤色のインディルビンなど）を含まないため、染色物の色合いは異なっている。

近年、天然藍が国内外で見直され、アメリカで大規模な栽培が行なわれているほか、日本各地で栽培や蒅づくりに取り組む事例が増えている。

品種改良のあゆみ

●タデアイの品種

◎失われた品種群

記録によるとかつては多くの品種が栽培されていたが、現在は減少し、主として「小上粉《こじょうこ》」が栽培されている。かつての代表的な品種は、「青茎小千本《あおぐきこせんぼん》」「赤茎《あかぐき》小千本」「百貫」「小上粉」などである。なかでも「青茎小千本」は阿波藍の全盛期に広く栽培され、江戸時代から明治中期に阿波藍といえば本種を指したという。また、1897（明治30）～1904（明治37）年に農商務省農事試験場四国支場で行なわれた品種比較試験の結果、「小上粉」の収量・品質が優れたため栽培が奨励され（『徳島県立農業試験場八十年史』）、現在に至っている。

タデアイの品種に関する記述がある数少ない文献のうち、1898（明治31）年に刊行された吉川祐輝の『阿波國藍作法』に記述のある、タデアイの品種に関する部分をまとめると以下のとおりである。なおこの文献には「小上粉」の記載がないが、この後に京都から移入されているためである。

・栽培面積が多く、実用栽培品種であったもの
　青茎小千本（青小千本、青千本）、赤茎小千本（赤小千本、赤千本）、百貫、上粉百貫

・異名同種であると思われるもの
　上粉百貫と同種（推定）：上精百貫、両面平張、じゃんきり
　青茎小千本と同種（推定）：るりこん千本、青茎小千本播磨育、おりき千本

・以下は山間の少数農家が栽培していたものなどであり、実用栽培品種とはいえないと述べているもの
　赤茎おほがら、大葉百貫、椿葉、縮緬、縮葉、越後、青茎中千本、青茎大千本、赤茎中千本、赤茎大千本、おほがら百貫

◎徳島県立農林水産総合技術支援センターが保存している品種

徳島県立農林水産総合技術支援センターで、現在保存されているのは11品種である。これらの品種名は筆者が種子を受け継いだ時点でラベルに記載されていたものであり、本稿ではそのすべては紹介できないが、文献に記載されていない品種名が多い。戦後に収集されたものであるということだが、この時すでに本来の品種名が失われていたと思われる。

11品種のうち過去の文献に記載されているのは「小上粉」「百貫」「赤茎小千本」「赤茎中千本」の4種のみである。しかも、戦前まで大規模に栽培され、いち早く栽培が復活したとされる「小上粉」は別として、他の3つが正しい品種名である保証はない。残りの7品種については、文献に記載された品種の異名である

と思われる。例えば当センター保存の「千本」は、千本の前に何らかの言葉が組み合わされた「○○千本」だったと推測されるが、今となっては本来の品種名は不明である。文献には大まかな形状しか記載されておらず、花の色や葉の形状、開花期の違いなどの特徴が不明であるため、特定は難しい。

このように多くの品種が失われている状況だが、なかでもかつての主力品種「青茎小千本」が失われているのは痛恨の極みである。この品種は立性《りっせい》で(上へ上へ伸びるもの)、品質も良好であったということであり、もし現存していれば、機械化体系にマッチした品種として再び広く栽培されたかも知れない。長く受け継がれたタデアイの品種がこのように断絶しているのは残念でならないが、これもタデアイの歴史なのである。

◎アメリカ合衆国テネシー州で栽培されている未確認品種

一方、海外に目を向けてみると、最近アメリカ合衆国テネシー州において大規模なタデアイ栽培が行なわれているという興味深い情報がある。インターネットにアップされている現地の画像をよく見ると、栽培されているタデアイは当センターに保存されているどの品種とも異なった形状をしている。いつどのような経緯でテネシー州にもたらされたものかは不明だが、かつての日本の栽培品種が海を渡り、現地で遺伝的攪乱を受けることなく保存されていたのかも知れない。もちろん海外で独自に生み出された品種の可能性もある。いずれにせよ、もし日本国内に現存する品種より優れた形質を持っているならば、品種改良を進めるうえで、今後は海外の品種を取り入れることも必要かも知れない。

◎特徴的な3品種

次に徳島県立農林水産センター保存の品種のうち、特徴ある3品種を解説する。

【小上粉】

小上粉は、現在徳島で最も広く栽培されている品種である。葉の形は他の品種に比べて細長い。花色は淡紅色と白色のものがあり、小上粉赤花種、小上粉白花種と呼ばれる。赤花種は早生、白花種は晩生であり、白花種は現存する品種の中で最も開花期が遅い。前述のように開花期は遅いほど有利であるため、この点において最も優れた品種であるといえる。小上粉は赤花種も白花種も繁茂が旺盛で多収である反面、強い匍匐《ほふく》性のため栽

小上粉

培管理がやや困難である。機械を利用する場合には、刈り残しが多く出ることがある。

【千本】

千本は、草型が立性と匍匐性の中間品種であるため、小上粉より栽培管理が容易であり、機械収穫適性は高く、収量にも優れている。また、ここで紹介する3品種の中で最もインディカン含量が多い。開花期は小上粉白花種の次に遅い。葉の形は小上粉よりも丸みを帯びており、一見して区別できる。花色は初め薄桃で、後に赤みが強くなる。徳島では小上粉に次いで広く栽培されているが、多品種との交雑が進んでいる。

千本

【赤茎小千本】

赤茎小千本は、徳島県立農林水産総合技術支援センターに現存する唯一の立性品種である。葉は光沢を持ち厚みがあり、葉の縁に皺のある、縮《ちぢみ》葉《ば》と呼ばれる独特の形をしている。茎はほぼ直上して生育するため、収穫などの作業性は最もよい。しかし、収量は低く色素含有量も少ない、開花期が早いという大きな欠点があり、徳島では実用栽培されていない。花色は鮮紅色であり美しい。

◎タデアイの品種保存・交雑防止の対策

タデアイは訪花昆虫により交雑の危険性が増すため、複数の品種を保存する場合や、育種で交雑を防ぎたい場合には工夫が必要である。徳島県立農林水産総合技術支援センターでは、次のような操作を行ない、少量ではあるが純度の高い種子を生産、保存している。

- 屋外圃場で栽培する。栽植密度や施肥量などは通常の栽培法どおりでよい。
- 花芽が見え始めた頃に、頂部から50㎝ほどの長さに切断する。

赤茎小千本

・切断した茎の下葉を取り除き、容器に水を入れて差しておくと数日で発根してくる。
・網室など、訪花昆虫の影響を受けない場所で開花、結実させる。
・穂ごと摘み取って紙袋に入れ、風通しのよい日陰で数日乾燥させる。指で揉んだとき、穂が粉々になって種子が露出する程度まで乾燥するとよい。
・乾燥した穂を浅い容器の上で手揉みし、息を吹きかけるなどして種子以外を吹き飛ばす。
・種子を紙袋などに入れ、5℃の冷蔵庫で保管する。

圃場に植えずに大きめのポットで栽培してもよいが、灌水の手間がかかる。また、根域が制限される条件では茎葉が小さくなりがちであり、種子の充実度に悪影響が出ることが懸念される。冬期にハウスで生育させて採種することもあるが、この場合、電照設備や暖房が必要である。

光の明暗の周期の長さに応じて、花芽分化などが促進される、植物の光周性反応からみると、タデアイは短日条件で開花するため、長日条件にして栽培し、茎葉を充実させた後、短日条件に切り替える。温度は最低温度を20℃に設定している。また念のため、窓に昆虫の侵入を防ぐための網が設置されたハウスを使用している。

最も広く栽培されている小上粉

除雄作業の様子

◎タデアイの品種改良——立性で色素含有量が多い品種を目指して

現存するタデアイの品種は、すべての作業を人力で行なっていた時代から引き継がれたものであり、機械利用を前提として選抜されていない。そのため現存する品種は「赤茎小千本」を除いて、程度の差はあるがすべて匍匐性であり、機械収穫に向いていない。「赤茎小千本」も収量と色素含有量が低く、開花期が早いという大きな欠点があるため、実用的ではない。

作出した系統。草姿が立性化している

そこで徳島県立農林水産総合技術支援センターでは、草姿が立性で収量や色素含有量に優れ、開花期が遅い品種を育種目標として、タデアイ栽培の歴史上、恐らく初めてとなる人工交配による品種育成に取り組んでおり、すでにいくつかの有望な立性系統を作出している。品種として完成するには、まだまだ時間が必要であるが、いつか必ず完成させて藍の歴史に花を添えたいと願っている。

（吉原　均）

主な天然染料

色相	染料名	和名	学名	科	使用部位	主色素分類
青系	アイ	藍	*Persicaria tinctoria*	タデ科	葉	インドール
	クサギ	臭木	*Clerodendron tricbotomum*	クマツヅラ科	実	ラクタム
赤系	アカネ	茜	*Rubia akane*	アカネ科	根	アントラキノン
	セイヨウアカネ	西洋茜	*Rubia tinctorum*	アカネ科	根	アントラキノン
	インドアカネ	印度茜	*Rubia cordifolia*	アカネ科	根	アントラキノン
	コチニール	介殻虫	*Coccus cacti*	カイガラムシ科	介殻虫	アントラキノン
	ラック	介殻虫	*Tachardia Lacca*	カイガラムシ科	介殻虫	アントラキノン
	スオウ	蘇芳	*Caesalpinia sappan*	マメ科	幹	ベンゾピラン
	ベニバナ	紅花	*Carthamus tinctorius*	キク科	花	カルコン
紫系	ムラサキ	紫草	*Lithospermum erythrorhizon*	ムラサキ科	根	ナフトキノン
	ログウッド		*Haematoxylon campechianum*	マメ科	幹	ベンゾピラン
	アカニシ	貝紫	*Rapana venosa*	アッキガイ科	貝(パープル腺)	インドール
黄色系	カリヤス	苅安	*Miscanthus tinctorius*	イネ科	葉・茎	フラボン
	コブナグサ	小鮒草	*Arthraxon hispidus*	イネ科	葉・茎	フラボン
	エンジュ	槐	*Sophora japonica*	マメ科	蕾	フラボノール
	ヤマハゼ	山櫨	*Rhus sylvestris*	ウルシ科	幹	フラボノール
	ヤマモモ	山桃(揚梅)	*Myrica rubra*	ヤマモモ科	樹皮	フラボノール
	ウコン	鬱金	*Curcuma longa*	ショウガ科	根	ジケトン
	キハダ	黄蘗	*Phellodendron amurense*	イネ科	内皮	アルカロイド
	クチナシ	梔子	*Gardenia jasminoides*	アカネ科	実	カロチノイド
茶色〜黒系	ウメ	梅	*Prunus mume*	バラ科	枝、幹、樹皮	タンニン
	ガンビール	ガンビール阿仙薬	*Uncaria gambir*	アカネ科	葉・枝	タンニン
	クヌギ	橡《つるばみ》	*Quercus acutissima*	ブナ科	実、樹皮	タンニン
	クリ	栗	*Castanea crenata*	ブナ科	花、枝、幹、樹皮	タンニン
	ゴバイシ	五倍子(ヌルデの虫瘤)	*Rhus javanica*	ウルシ科	虫癭《ちゅうえい》	タンニン
	ザクロ	柘榴	*Punica granatum*	ザクロ科	果皮	タンニン
	チャノキ	茶の木	*Thea sinensis*	ツバキ科	葉	タンニン
	チョウジ	丁子	*Eugenia aromatica*	フトモモ科	蕾	タンニン
	ニッケイ	肉桂	*Cinnamomum loureirii*	クスノキ科	樹皮	タンニン
	ビンロウジュ	檳榔樹	*Areca catechu*	ヤシ科	実	タンニン
	ミロバラン		*Terminalia chebula*	シクンシ科	実	タンニン
	ヤシャブシ	夜叉附子	*Alnus firma*	カバノキ科	実(果球)	タンニン

青系染料：タデ科のアイの主色素はインディゴ。青い実で青が染まる染料としてはクサギがあり、この色素はインディゴではなく、珍しい色素のトリコトミンである。無媒染で薄い青から青磁色が染まる。

赤系染料：赤色染料(紅花は除外)を染める場合は媒染剤を使う。明礬液や椿灰(アルミ媒染)で赤色。テツ媒染では、赤茶から紫色を染める。紅花はアルカリに可溶な紅色素(カルタミン)で赤を染める。

紫系染料：ムラサキ(紫草)は、根を温水で繰り返しもみだして染料液を抽出し、椿灰媒染で紫色を染める。ログウッドの原産地は中米。アルミ媒染で紫色が染まる。貝紫染は、パープル腺を集めて紫色を染める。きわめて貴重なものであり、1909年、ドイツの化学者が1.4gの色素を得るのに1万2000個の貝(シリアツボリボラ)を使った。

黄色系染料：自然界に多く存在する色素フラボノイドのフラボン(カリヤス、コブナグサ)、フラボノール(エンジュ、ヤマハゼ、ヤマモモ)を染める場合は明礬液(アルミ媒染)で黄色。無媒染で濃い黄に染まる染料は、ウコン(ジケトン)、キハダ(アルカロイド)、クチナシ(カロチノイド)。

茶色から黒系の染料：タンニンとは植物に由来し植物界に多く存在する複雑な芳香族化合物で、縮合型タンニンと加水分解性タンニンの２つに分類される。縮合型タンニンはガンビール阿仙薬、加水分解性タンニンは五倍子、ミロバラン、ザクロ。

2章

利用の歴史

植物を染料にする——染色の原理と発祥

染色の起源

人類の歴史の中で、染色と人とのかかわりをみると、自然に対する祈りと呪いのために、色彩の利用が始まったといわれる。赤土(弁柄)、炭、貝殻の粉(胡粉)などの顔料を使用し、身体などに塗りつけていたのは、おそらく1万年以前のことと推測されている。1万5000年以上前に、スペインのアルタミラやフランスのラスコーなどの洞窟壁画でも、天然の顔料を使っている。繊維に天然染料で染色されるようになったのはかなり後の時代で、紀元前4000～3000年にかけて、世界各地で染色の技術が確立されたといわれる。

染色とは、糸や布の繊維を染料・顔料などで着色することである。日本工業規格〈JIS〉では、「顔料」を、水に不溶で、繊維に対して親和性のない有色の微粒子と定義している。顔料を繊維に適用するにはバインダーといわれる接着剤が必要になる。これに対して「染料」は、水などの媒体に溶解または分散し、繊維などに親和性があって吸着され、ほぼ満足できる堅ろう性を持つ色材とされている。顔料は繊維の表面を染めるだけだが、染料は繊維の内部まで染めることができる。天然染料には多くの種類があり、性質も異なる。天然染色を理解するには、色による分類よりも色素構造の分類が役に立つ(20頁の表参照)。

古代の染色布——世界各地の技術

現存する最古の染色布は、エジプトのピラミッドから発見された藍染めの麻布であり、約4000年以前のものとされている。同じく古代エジプトの王・ツタンカーメン(紀元前1352年ごろ没)の墓からは、アカネ染の帯も発見されている。紀元前1世紀頃、地中海で染色を行なってきた民族として有名なのがフェニキア人であり、貝から紫の顔料で染める染色技術を発見したとされる。1個の貝にはごく微量の色素しか含まれず、きわめて多くの貝を必要とすることから、この紫色はローマ帝国の時代には豪華な暮らしの象徴とされた。帝王紫といわれ、クレオパトラの船の帆が貝紫で染められたともいわれる。

ペルーのパラカス半島で発見された、紀元前1世紀のものとされる布は、鮮やかな黄色と紫色の織物である。同じ時期の南米アンデス地帯では、藍、茜、胡桃、貝紫も使われ、鉄分を含んだ泥や石灰、明礬《みょうばん》を利用して染色していたといわれている。

中国大陸では、4000年以前に蚕から糸を取り出して絹織物にする技術が編み出されている。その絹は軽くて、しなやかで光沢があり、染色性もよく、多彩で澄んだ染色布が生み出された。紀元前3世紀に中国を統一した秦の始皇帝のころより、絹の染織技術が発展したといわれている。その中国からローマ帝国までの交易路はシルクロードと呼ばれ、絹はその後の東西交流の象徴的な存在となった。日本にもこのシルクロードによって西域の染織文化が伝わってきている。

インドでは、紀元前３５００年から２５００年前にはインダス文明が生まれ、棉が栽培されていた。その綿を使った木綿布に、華やかな草花文様が捺染された染織品がインド更紗であり、高度の染色技術を要するものであった。紀元前6世紀ごろにはこのインド更紗が生産されていたといわれ、インドは東西交流の中間的位置にあることから、その染織品は東西に運ばれることになった。

●日本の染色

弥生中期(紀元前4、5世紀)、吉野ケ里遺跡から出土した絹織物の経《たて》糸から日本茜、緯《よこ》糸から貝紫が検出された。織密度などから推測し日本産の絹といわれ、天然染色の技術があったことが推測される。

古代の染色の起源は、草皮や樹皮を裂いて織った原始布を水や灰を用いて晒し、白を得ることに始まったといわれる。さらに、白く晒すために沼などに布を浸したことが、たまたま鉄を多く含んだ泥があったため、鉄による発色となった。これが泥染めの始まりと考えられている。衣服に彩色するために、まず植物の花や葉による摺り込みが行なわれた。

６０３年には、聖徳太子によって冠位十二階の制度が制定され、「紫、青、赤、黄、白、黒」の順に冠の色で位が表わされた。この染めの技術は中国、朝鮮からの帰化人によりもたらされたといわれる。

毎年、秋に開催される正倉院展の宝物が物語るように、飛鳥・奈良時代には紫草、藍草、茜、紅花、黄蘗《きはだ》、梔子《くちなし》、苅安《かりやす》、蘇《す》芳《おう》、橡《つるばみ》などの染料を使った高度な染色技術があったことが推測されている。正倉院宝物とは、７５６年、聖武天皇の七七忌《しちしちき》にあたり光明皇后が東大寺に献じた聖武天皇御遺愛の宝物が中核とされる。現存する正倉院宝物は約９０００点あり、１２００年あまり校倉造りの正倉に収められ、きわめて良好な状態で守られてきた世界に稀にみる伝世品である。現在でも、奈良時代の正倉院宝物である経錦《けいきん》、緯錦《いきん》、綾《りょう》、羅《ら》などの織物や、櫨、紫草、茜、紅花、藍、梔子、苅安、黄蘗、蘇芳、橡などを使った夾纈《きょうけち》、﨟纈《ろうけち》、纐纈《こうけち》などの染色品を見ることができる。

「延喜式」とは、延喜5(９０５)年に編纂が始められ、律令施行細則として集大成されたもので、平安初期の禁中の年中儀式や制度が示されている。その中の「縫殿寮雑染用度《ぬいどのりょうくさぐさのそめようど》」の項に色名と染色材料の量が示され、古代の染色が推測できる貴重な資料となっている。この資料を抜粋して示す。

黄櫨：櫨、蘇芳、酢、灰
黄丹：紅花、支子、酢、麩、藁
深紫、浅紫、深滅紫、中滅紫：紫草、酢、灰
浅滅紫：紫草、灰
深緋：紫草、茜、米、灰
浅緋：茜、米、灰
深蘇芳、中蘇芳、浅蘇芳：蘇芳、酢、灰
蒲萄《えびぞめ》：紫草、酢、灰
韓紅花：紅花、酢、麩、藁
中紅花、退紅《あらぞめ》：紅花、酢、藁
深支子、浅支子：支子、紅花、酢、藁
黄支子：支子
橡：搗橡、茜、灰
赤白橡：黄櫨、灰、茜
青白橡：苅安、紫草、灰
深緑：藍、苅安、灰
中緑、浅緑、青緑、青浅緑：藍、黄蘗
深縹、中縹、次縹、浅縹：藍
深藍、中藍、浅藍、白藍：藍、黄蘗
深黄、浅黄：苅安、灰

媒染剤（染料を固着、発色させるもの）としては明礬《みょうばん》の記載はなく、灰が使用され、この灰は椿灰といわれている。この椿灰にはアルミが含まれ、灰汁媒染とアルミ媒染の両者が作用して固着、発色にかかわっている。

平安時代の染色には、中国風の唐風文化から日本独自の国風文化へと移り、色彩においても貴族を中心とする華麗な服飾文化が起こる。後世、十二単《ひとえ》の名で知られる、単の上に何枚もの袿《うちき》を重ね着する独特の装束がこの時代に生まれた。平安時代は、染料の重ね染めや織色によって中間色や、色の濃淡によって微妙に異なる色を求めたと思われる。

平安時代末期からの武士の台頭により、鎌倉、室町、安土桃山時代にかけて工芸技術を集積した晴れの装束、戦衣として発展し、独創的で斬新なデザインや色彩の世界が広がった。平安時代末、源頼朝の忠臣・畠山重忠が奉納したといわれる武蔵御嶽神社の赤糸威鎧《あかいとおどしよろい》は、現在でも鮮やかな赤が残っており、この鎧の赤は日本茜で染めたことが分析されている。

桃山時代になると、具足の上に着る陣羽織が戦場で注目を集めるようになった。陣羽織に使われた猩々《しょうじょう》緋《ひ》羅《ら》紗《しゃ》は室町末期以降に南蛮人らによってもたらされた真赤な毛織物で、ラック、コチニール、ラックとコチニールの重ね染めであることがわかってきた。また、新たな斬新で華やかな装飾性のある技法として「辻が花」が挙げられ、豊臣秀吉が南部信直に与えた「桐《きり》矢《や》襖《ふすま》

文様辻《もんようつじ》が花胴服《はなどうふく》」の紫色は紫根染といわれる。

江戸時代（１６０３〜１８６８）になると糊防染の技法がさらに発展し、麻地に糊糸目、伏せ糊の技法で藍染する茶屋四郎次郎が創始した「茶屋染」があり、この糊防染の技法が優雅な「友禅染」を生み出したといわれる。友禅染は江戸前期から中期に活躍した絵師・宮崎友禅斎の名に由来する。友禅斎は日本画の技法を色挿し染に持ち込み、赤は臙脂綿（ラック染料をしみこませたもの）、青は、藍ろう（藍の色素）や群青（アズライト）、黄色は雌黄（ガンボージといわれる熱帯植物の樹脂）などの染料や顔料を使い、鮮やかで多彩な色で染め上げていた。

『染料植物譜』（後藤捷一・山川隆平編／はくおう社　１９７２年刊）の中から、江戸初期に出版された『當世染物鑑』（１６９６年）、中期の『諸色手染草』（１７７２年）、後期の『染物早指南』（１８５３年）といった染色技法書に出てくる染料、媒染剤、助剤を調べた（表１）。この表１について補足すると、「にいし」は弁柄、「ふし」は五倍子《ごばいし》、「うめやしぶ」は梅と榛の木を煎じたもの。「唐藍」はプルシャンブルー、「しぶき」、「もゝ皮」は楊梅。「かね」、「だしがね」、「鐵醬」は鉄漿《おはぐろ》、「ろうは」は緑礬のことである。

３冊の技法書に記載されている染料は27種、媒染助剤は９種と推定した（表２）。江戸時代の植物染料は、楊梅《やまもも》、藍、茜《あかね》、蘇《す》芳《おう》、苅安《かりやす》、梅、夜叉附子《やしゃぶし》、五倍子（附子《ふし》）、鬱金《うこん》、紅花（紅）、墨が使われ、媒染剤として明礬《みょうばん》、鉄漿、緑礬《りょくばん》、石灰、木灰《もっかい》が使

表1　江戸時代の染料、媒染、助剤（文献別）

	當世染物鑑（1696年）		諸色手染草（1772年）		染物早指南（1853年）	
	染料	媒染、助剤	染料	媒染、助剤	染料	媒染、助剤
1	藍	あく	あい	あく	藍	明ばん
2	あいろう	いしばい水	うこん	石ばひ	鬱金の粉	石灰汁
3	あかね	かね	うめやしぶ	酢	かや	からし水
4	うこん	酢	かりやす	だしがね	唐藍	鐵醬
5	うめ	みょうばん	ざくろ	つばきのあく	かりやす	酢
6	かりやす	わらのあく	すわう	ろうは	濃茶	
7	きはだ		せんじちや		しぶき	
8	木ふし		たまご土		墨	
9	にいし		ちやうじ		ずミ	
10	ねずミしる		茄子の炭		蘇枋	
11	びんろうじ		にいし		棗	
12	ベンガラ		びんろうじ		灰墨	
13	むめ		ふし		紅（べに）	
14	もゝかわ		紅（べに）		もゝ皮	
15			もゝかわ		やしや	

表2　江戸時代の染料、媒染、助剤（文献別）

	染料	媒染、助剤
1	藍	明ばん
2	あいろう（藍蝋）	あく
3	あかね	石灰汁
4	うこん	かね
5	うめ	からし水
6	うめやしぶ	酢
7	かや	つばきのあく
8	唐藍	ろうは
9	かりやす	わらのあく
10	きはだ	
11	濃茶	
12	ざくろ	
13	墨	
14	ずミ（桷）	
15	蘇枋	
16	たまご土	
17	ちやうじ（丁子）	
18	茄子の炭	
19	棗	
20	灰墨	
21	びんろうじ	
22	ふし（附子）	
23	紅（べに）	
24	ベンガラ	
25	むめ	
26	もゝ皮	
27	やしや	

われた。茜染の技法は14世紀に途絶えたとされ、江戸時代のあかねは蘇芳のことであるともいわれている。「諸色手染草」には「あかね染」の色名を苅安と蘇芳で染色している例がある。江戸時代に「四十八茶百鼠」といわれるように茶みや鼠かかった色が流行し、これらの染料と媒染剤の組み合わせによって、多くの茶や鼠色が染められた。

江戸時代に木綿の栽培が盛んになり、藍は木綿によく染まることから庶民にも藍染の衣服が普及した。「絞り」、「絣」、「型染め」の需要が増し、「筒描き」も行なわれ、これらの染色技法も発展した。藍染めを得意とする紺屋は地方の村や町に現れ、職人や商人の仕事着や商店の暖簾、そして浴衣、風呂敷なども染めていた。現在でも多くの地方都市には紺屋町という地名が残っており、その繁栄ぶりを物語っている。

四国の阿波(徳島県)では、阿波藍として「蒅《すくも》」が生産された。蒅は夏に収穫した藍草を乾燥させ、水をかけながら3か月かけて発酵させ、付き固めて乾燥させたものである。生葉では保存がきかないタデアイを蒅にすることで、運搬しやすく、長期間保存もきく染料として特産品となった。

明治初期の日本の情景は藍染めの青の色があふれていたことから、日本にやってきた当時の外国人から「ジャパンブルー」という言葉が生まれたといわれている。１８９０(明治23)年に日本にやってきたギリシャ生まれでイギリス育ちの新聞記者パトリック・ラフカディオ・ハーン(のちの小泉八雲)は、「青い屋根の下の家も小さく、青いのれんを下げた店も小さく、青い着物を着て笑って人も小さいのだった」(『東洋の土を踏んだ日』)と記している。

いまも伝統工芸としての着物の染色が各地に継承されている。特に木綿にも染まる藍染めは実用性もあり、江戸時代に発展した型染め、絞り、絣などの染色技術は藍染めとともに発展して、現在も継承されている。

●藍草にもいくつかの種類がある

含藍植物は世界の多くの地域にあり、それらを使った染色がどのように始まったかは謎だが、それぞれの地域で独自に発見され、発達したと考えられている。

インドなどの熱帯地帯では、マメ科のインドアイ(木藍)*Indigofera tinctoria*、中南米のナンバンコマツナギ*I.suffruticosa*、西アフリカで使用されている*Lonchocarpus cyanescens*（マメ科）、東南アジアの*Marsdenia tinctoria*（ガガイモ科）、南インドからマレーシアに自生する*Wrightia tinctoria*（キョウチクトウ科）があり、ヨーロッパの寒帯地帯ではウォード*Isatis tinctoria*（アブラナ科）がある。

日本ではタデアイ(蓼藍)*Persicaria tinctoria*（タデ科）、リュウキュウアイ(琉球藍)*Strobilanthes flaccidifolius*＝

Strobilanthes cusia（キツネノゴマ科）が主に栽培されている。

アイ(藍)は青を染めるほぼ唯一の天然染料である。天然素材で青を染めることができるという意味では最も重要であるが、アイを生葉染めという染色方法を用いて、藍の色素であるインディゴの異性体である赤色色素のインディルビンを多く生成させ、赤紫から青紫色を染色することも可能である。

●世界各地の藍染料づくり

藍染めは、日本、中国、台湾、インド、アフリカ、中南米、マダガスカル、メキシコ、インドネシア、ボルネオなどで行なわれている。

藍染めの地域による違いは、主に植物の違い、染料の準備の仕方の違い、藍瓶の発酵を助けるために入れる材料の違いといえる。藍の畑が近くにあり、すぐに染める方法は歴史的にも古く、今でも藍草を収穫してすぐに使うために行なわれている。生葉染めや沈殿藍がこれに当たる。藍畑が近くにない場合や、遠くの染色家に届けるためには、発酵させて保存できる状態に加工する。日本の「蒅」のように一度乾燥させてから発酵させる方法(これはインドの北東部、西アフリカなどでも行なわれている)、水分のある泥状にする方法(泥藍ともいう。北インドの山岳地方、中国南部、沖縄など)、乾燥させてブロック状にする方法(インド、南アラビア半島など)がある。

保存された染料は水とともに藍瓶に入れて染める準備をする。その中では微生物がうまく働き、藍が水に溶ける状態にしないと染まらない。一緒に入れる材料とは主に、その微生物の栄養になるようなものと、それらの微生物が活発に生育できるようにアルカリ性にするものである。地域によってその材料はさまざまで、例えば、栄養分として植物の実、糖蜜などが使われるし、アルカリ剤としては炭酸ナトリウム(鉱物)や石灰などがあるが、そのほかにも植物の葉や、古い藍瓶の沈殿物を入れることもある。

インドでは、昔よりずっと小規模になってはいるものの、今でも藍の農家があり、発酵させて染料にする専門の職人もいて、それを使って伝統的な柄のサリーやスカーフなどが作り続けられている。今日でも、インド藍を乾燥させてブロック状やパウダー状にしたものが日本やヨーロッパなどに輸出されている。

アフリカ、中国南部、ラオスやインドネシアなどの村でも地域の伝統を守り、昔ながらの方法で染色を続けているところがある。藍染めの衣装は結婚式など特別な行事のためにも大切にされている。

また、エルサルバドル、南フランス、イギリスのウェールズ地方などでも、一度は忘れられた天然の藍(ウォード)を用いた藍染めを復興させている人たちがいて、伝統的な染色法を現代の技術と照らし合わせ、より環境に優しい新たな藍染めの産業が始まりつつある。

●染色の基本技法

染色技法として、天平の三纈《さんけち》といわれる「夾纈」、「﨟纈」、「纐纈」がある。

◎夾纈染め

模様を切り通した2枚の板の間に布を折り、挟んで固く締めて染色した。染め上がりは布の折り目を中心に左右対称の柄となる。夾纈に近いのが「板締め」で、折りたたんだ布をいろいろな形の板ではさみ、染色して模様を表わす染色方法である。

◎﨟纈染め

模様部分に、蝋を置いて防染して染色する法である。

◎纐纈染め

絞り染めのことで、布の一部を絞り、染料が染み込まないようにすることで模様を作り出す技法の一つである。高級絞りの「京鹿の子」と、庶民的な「地方絞り」に分類される。地方絞りは木綿布を藍染めにする庶民的な絞り染めで、豊後(現在の大分県)の豊後絞りや尾張(現在の愛知県)の有松・鳴海絞りなどがこれに当たる。特に有松・鳴海は尾張藩の保護を受けて発展し、江戸時代以降最大の生産地になっている。有松・鳴海は幕末に尾張藩の専売制が撤廃されると、各地に絞りの技術者を流出させた。

◎型染め

渋紙に型を彫り、糊をつけてそこだけ染まらないようにして図柄を染め上げる染色法である。型紙を使って布の上に糊を置いてから、染料液をつけた刷毛で引き染めする方法と藍染めのように染料液に浸して染色する。染色後は、水洗いで糊を落とし模様を表わす。裃を染めた細かい柄の「小紋」や着物、浴衣を染めた「中型」など江戸時代以降に藍染めの普及とともに型染めは盛んに行われた技法である。

◎絣《かすり》染め

緯糸と経糸の一部を「縛る、括る」ことで前もって染め分けた後、文様を織り出す技法。

◎段染め

布や糸を種々の色で太い横縞に染める技法である。

●インディゴブルーの登場——化学合成染料、人造繊維の開発

19世紀半ばの1856年、イギリス人のウィリアム・パーキンがコールタールを原料として、世界初の合成染料となる紫色の染料であるモーブを発見した。その後、アリザニンやインディゴなどの合成染料も開発され、19世紀後半から人造繊維も開発された。現在、この恩恵を受け、街ではカラフルで自由な衣服をまとった人々であふれている。

合成染料、人造繊維が開発され、世界中で有史以来の天然染

料の技法が急速に衰退した。

●天然染料の意義

天然染料は生産量にしても、大規模生産やコストパフォーマンスから見ても人工染料にかなわない。では天然染料の価値はどこにあるのだろうか。重要なのは、伝統的な手法で染められた色や自然物から抽出した色を身につけていること、からだにも健康にもいいものであること、そうしたことから生まれる一種の安心感、安堵感があるということであろう。あるいは、自然資源を活用することが「エシカルな消費」につながるという意識である。プラスチックに代表されるような人工物を消費して暮らすのは、一種のうしろめたさを感じる時代になっている。天然染料を生かす着眼点は、まさにここにある。

また同じ染め方をしても一様でなく、一つひとつが個性的な存在であることも、自然物のあり方として共感を生む時代でもある。規格品としてそろっているのではなく、それぞれであってそれぞれでいいのだという価値観から、天然染料が求められているともいえる。単なる経済性や合理性や機能性だけでは商品に魅力を感じない時代なのである。今の時代で求められる製品には、自然物であること、手間隙かけて製造されていること、からだにも健康にもいいものであることなど、そのものに秘められたこうした情報が必要になっている。

（山崎和樹）

天然染色の復興――草木染の創始と展開

日本では明治以降、合成染料の輸入により、これまでの伝統的な天然染色は急激に衰退した。こうしたなかで、世界恐慌の年である1929年、伝統染色の復興や養蚕農家の不況の対策のために、山崎斌《あきら》は絹糸を天然染料で染め、手機による織物(紬)を復興する運動を始める。翌1930年には、合成染料と区別して、天然染料による染色を「草木染」と命名した。その復興運動の成果は、原料となる植物の写真、染めの実物標本が貼りこまれた限定版『日本固有草木染色譜』、『草木染百色鑑』、『草木染手織抄』、『日本草木染譜』にまとめられた。

この「草木染」の技術は息子の山崎青樹によって受け継がれ、着物や帯などが制作され、展覧会開催が続けられた。また、新たな染料植物や実用的な染色法の研究も行なわれた結果、染料植物は約500種に増加した。その成果が、実物標本が貼りこまれた限定版『草木染日本の色』、『草木染日本の縞』、『草木染型染の色』、『草木染百二十色』やその他の文献である。

伝統的な藍の利用
——阿波藍の製造（藍師・栽培・染料づくり）とその染料液の作成

●阿波藍との出合い

私が阿波藍にかかわったのは、徳島に長く住み、徳島県の試験研究機関で研究開発や技術相談に従事したのがきっかけです。私は、繊維工業や染色工業を担当し、主に合成染料を扱っていましたが、時折、阿波藍を用いた商品開発のご相談を受けることがありました。阿波藍のような伝統的産品を扱うとなると、機能はもとより物語性も重視しなければなりませんので、阿波藍に関する様々な情報も集めるようになりました。専門外でしたが、必要に迫られ、阿波藍の製造工程である藍の栽培や葉藍《はあい》を原料とした発酵工程を現地調査し、写真撮影や口頭での聞き取り調査を度々行ないました。

この小文は、これらの調査をもとに書かせて頂いたものです。以下は日本特産農作物種苗協会が発行する情報誌「特産種苗」21号から転載していますが、より詳しくお伝えするために、コメントを新たに加えたほか、随時、私の著書『阿波藍』からも引用しています。なお、「阿波藍」は2010年、「特産種苗」21号は2015年に刊行されましたので、現在の状況と異なる可能性があることを明記いたします。

併せて、阿波藍を使った染料液の伝統的な作成方法もご紹介します。

●蒅《すくも》と阿波藍

藍染料は、材料によって天然藍と合成藍に分類されます。天然藍は、加工方法によって蒅と「沈澱藍」に分類されます。蒅は藍の葉を乾燥し、乾燥した葉を発酵して製造しますが、「沈澱藍」は、生の葉を水につけて色素を抽出して製造します。世界を見渡すと、地域に根付いた様々な天然藍がありますが、多くは「沈澱藍」で蒅は珍しいような気がします。徳島県で製造される蒅を阿波藍（阿波：徳島県の旧名）と呼んでいます。

※**合成藍**：化学的に石油から合成された藍染料。なお、阿波藍と合成藍の鑑別方法について、岡山県工業技術センターが、C^{14}法に着目し、現代炭素由来（天然由来）度を検討しています。その結果、天然由来の阿波藍と石油由来の合成藍の鑑別が可能であると報告しています。

●わずか5軒の藍師の家

代々阿波藍を製造し販売してきた「藍師」（専門の藍製造技術を用い職業とする人）の家は、現在、徳島県にわずか5軒にな

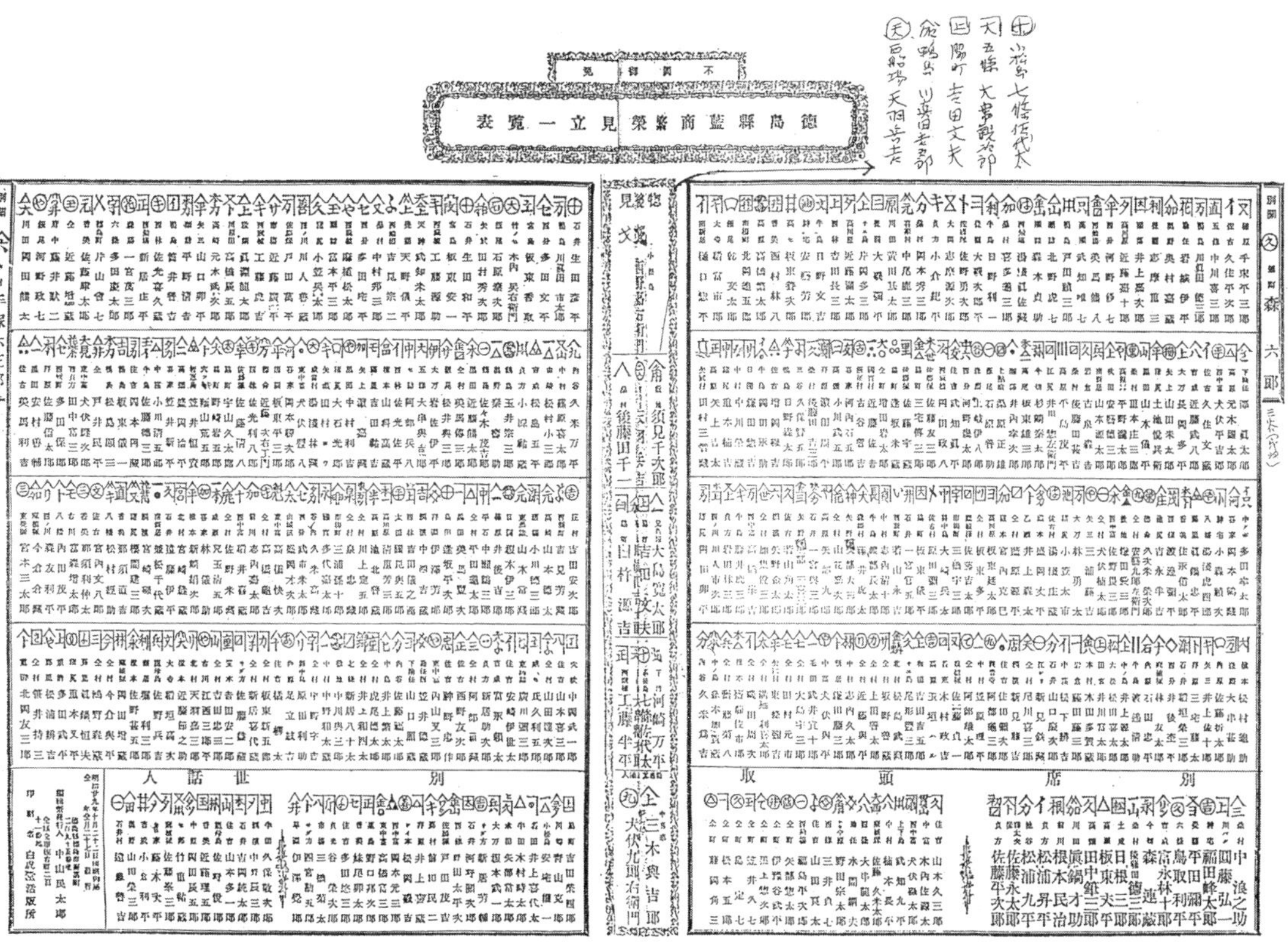
徳島縣藍商繁榮見立一覧表

1896年作成の「徳島県藍商繁栄見立一覧」

りました。最近では、自ら染めた製品を販売するために阿波藍を製造されている方々もいますが、藍染料の販売はしていないようです。ここでの藍師は、藍の販売を伴い、かつ伝統的な手法を守っている製造者とします。

1896年発行の「徳島県藍商繁栄見立一覧表」をみると、426人の藍商の名前が記載されています。藍商は、複数の藍師の阿波藍を販売していましたから、当時の藍師の人数は今とは比べものになりません。阿波藍が産業としての地位を確立していたと想像できます。

現在、藍師は藍商を通さず阿波藍を販売しているため、かつての藍商は存在しません。5軒のうち3軒が専業で従事していて、それぞれに後継者がいます。日本国内で、天然藍を製造し販売することによって生計を立てているのは、稀有なことになりました。また、兼業の2軒も伝統的な方法を守り、阿波藍を製造・販売し続けています。

◎佐藤家（佐藤昭人氏）

佐藤家は、徳島県内でも有数の藍師の家です。当主の佐藤昭人氏は、徳島県北東部の板野郡上板町に住む専業の藍師で、阿波藍製造技術保存会の会長です。長男で後継者の佐藤好昭氏はその会の準会員です。阿波藍の製造技術は、文化庁から選定保存技術に選定され、この保存会は、保存団体に認定されています。佐藤家は、佐藤阿波藍製造所を営み、1年を通じて阿波藍の製造販売に携わっています。

◎新居家（新居修氏）

徳島県板野郡上板町の新居家の当主・新居《にい》修氏は、有限会社新居製藍所の代表取締役で阿波藍製造技術保存会の会員です。後継者の新居俊二氏は、その準会員で、専業として修氏と共に阿波藍の伝統を守っています。新居家はもともと藍商の家で、阿波藍を販売していました。福岡県や山口県へも出荷し、その得意先名簿が残っています。

◎外山家（外山良治氏）

徳島県名西郡石井町の外山家の当主は外山良治氏で、阿波藍製造所外山を営む阿波藍製造技術保存会の会員です。長男で後継者の外山貴規氏は、その準会員で、専業として良治氏と共に阿波藍を製造しています。

外山家では、阿波藍の製造以外に「茎ずくも」も製造しています。「茎ずくも」は藍の染料成分インディゴを含まない茎を材料とし、発酵してつくります。阿波藍によく似た形状になりますが、手間ひまかけて製造する阿波藍と違って、その工程は非常に単純です。仕上がった「茎ずくも」は、合成藍を使って染めている2社の染工場に出荷されています。阿波藍を使う染工場のような高級品向けではありませんが、特殊なもの（剣道の防具等）に使われているようです。

◎吉田家（吉田愛二氏）

徳島市応神町の吉田家の入り口には、石碑が置かれ、そこには先々代の秋三郎氏が１９７８（昭和53）年に、阿波藍製造技術保存会の技術保持者に認定されたことが記されています。吉田家の現在の当主は吉田愛二氏で、阿波藍製造技術保存会の会員です。愛二氏は教育者としての仕事の傍ら、伝統的な寝床と道具を使って、阿波藍の伝統を守り続けています。後継者の吉田直人氏は、その準会員で、愛二氏と共に阿波藍を製造しています。

◎武知家（武知毅氏）

武知家は２００年間以上、阿波藍を製造し、伝統的な製造方法を維持しています。当主の武知毅氏は、後継者をまだ決めていませんから、阿波藍製造技術保存会の会員ではありません。その製造量は小規模で、兼業ながら毎年途切れず製造し続けています。

徳島県名西郡石井町にある武知家の主屋は、１８６２（文久2）年に建立されました。敷地は南北約80ｍ、東西約40ｍの広さを誇っています。その敷地内の寝床は、徳島県指定有形民俗文化財で、現在も使われています。道路側から見ると、小窓がたくさん並んでいます。阿波藍を製造する時、発酵によって阿波藍は熱を発散し湯気が立ちます。これらの小窓は、採光のためというより換気のために使われています。

●阿波藍製造

◎現在の藍師の仕事

藍師の仕事は一年中、農業、製造業および小売業までの範囲に渡っています。3月の種蒔きから8月の刈り取りまでは一次産業の農業、8月の葉藍（乾燥した葉で、阿波藍の原料になる）の作成から1月まで続く葉藍の発酵までは二次産業の製造業、12月以降の出荷の作業は三次産業の商業に分類されます。ここでは、農業と製造業について記します。

◎一次産業（農業）の仕事

徳島県で栽培されている藍植物は、タデ科の小上粉《こじょうこ》です。一年草で、学名を *Polygonum tinctorium Lour.* といいます。花の色は淡い紅色と白色です。藍植物の種類は豊富ですが、阿波藍を製造するには、この品種が適しているようです。阿波藍製造業は、長い間徳島県の経済を支える産業でしたから、様々な検討が行なわれた結果、この品種に至ったのだろうと思います。

藍の栽培方法を簡単にご紹介します。3月の大安の日を選び、7g／㎡を目安に藍の種を苗床に蒔き、種が隠れる程度の砂をかけます。約1か月後、約2～3㎝になった苗を間引きし、2～3本／4㎠の割合で残します。さらに約1か月後、苗床に水をやり、土を柔らかくし、約20㎝に成長した苗を4、5本にまとめて抜き取り、ワラで束ねます。根に水分を保たせ、畝幅80㎝の本畑に、40㎝間隔に移植します。6月には、藍の葉が生長します。

藍の葉の収穫は1年に2回行ないます。通常、7月に1回目の刈り取り（一番刈り）が行なわれ、その後藍の葉が再生すると、8月に2回目の刈り取り（二番刈り）を行ないます。

このように、藍を栽培する農家は、藍師の家だけではありません。藍作農家は、1967年は134戸、1985年は86戸、2000年は92戸、2013年は36戸ありました。藍作農家の仕事は、栽培までの場合もありますし、刈り取りまで行なう場合もあります。いずれにしても、藍師だけの藍栽培では足りません。藍作農家の協力が不可欠です。しかしながら、他の日本の農業と同じように、藍作農家も高齢化や廃業といった大きな課題を抱えています。

◎二次産業（製造業）の仕事

刈り取った葉は、直ちに畑から藍師の家の庭に移され、裁断機にかけられます。その裁断された葉藍は、裁断機の吹き出し口から出てきて、扇風機の風で飛ばされます。藍の葉は茎より軽いので、その風で茎より遠くまで飛んでいきます。つまり、重さの差によって、藍の葉と茎が選別されます。茎にインディゴは含まれていませんから、阿波藍の原料にはなりません。そこで、茎は集められ、他の場所に移されます。

選別された藍の葉を藍師の広い庭に広げ、天日乾燥します。

この作業を「藍《あい》粉《こ》成《な》し」と呼んでいます。庭に広げられた葉をほうきで掃きながら、葉を裏返し空気を入れ十分に乾燥します。天日乾燥には2日かけます。このとき、雨よけの屋根のついた乾燥場を使う藍師もいます。あるいは、乾燥時間短縮のため、乾燥機を導入している藍師もいます。十分に乾燥した藍の葉（葉藍）が、阿波藍の原材料になります。乾燥が不十分ですと、よい阿波藍ができませんから、天気のいい日だけを選び、その作業が繰り返されます。葉藍は「ずきん」と呼ばれる専用の袋に保存されます。

※葉藍は、すくも（阿波藍）より嵩高く、染料として扱いにくいものです。葉藍を発酵することで体積は小さくなります。また、水分が多い葉は、雑菌（藍発酵建てに不要な菌）が増えることになります。

9月になりますと、保存しておいた葉藍を寝床（蒅の製造場所）に入れます。寝床の床は、砕石（砂利）、砂、もみがら、粘土を重ねてつくられています。

※床の水はけが悪いと、雑菌（藍発酵建てに不要な菌）が増えることになります。

葉を裁断機にかける

扇風機で葉を飛ばす

葉を裏貸し、空気を入れ十分に天日乾燥する

武知家の寝床

阿波藍の最初の製造工程を「寝せ込み」といいます。1床当たり3000~3750kgの葉藍を積み、同量の水をかけて混ぜ合わせ、約1mの高さに積み上げます。寝せ込みの後、5日ごとに葉藍に水を打ち混ぜますが、この工程を「切り返し」と呼んでいます。木製の道具「四ツ熊手」で葉藍を掻き寄せ、木製の道具「はね」で返し、竹製の「こまざらい」で混ぜた後、元の高さに集め、「ふとん」と呼ぶ「むしろ」をかけます。このような「切り返し」を続け、4度目の作業時に、二番刈りの葉藍を加えます。この工程で最も重要な作業の一つが「水打ち」で、以前は「水師」と呼ばれる専門の職人がこの作業を管理していましたが、現在は「藍師」がこの作業を行なっています。

叺(かます)に入った阿波藍

「切り返し」を12~13回行なった後、10月下旬に葉藍がむらなく発酵するように「ふるい」にかけます。この工程を「中通し」と呼んでいます。通しは11月に、17~18回目の「切り返し」の後にも行なわれ、それを「上げ通し」といいます。合計22~23回の「切り返し」で阿波藍は仕上がります。

藍師によって、阿波藍の製造時期が若干異なりますが、9月から1月の間に90日から100日間かけて仕上げます。

阿波藍は、藍師の屋号の印を押して叺《かます》に入れられ、1俵15貫(約56・25kg)詰められて日本全国に出荷されます。阿波藍の製造暦を表3にまとめました。

表3 阿波藍の製造暦

3月(弥生)	種蒔き
4月(卯月)	育苗・苗取り
5月(皐月)	定植
6月(水無月)	施肥・除草
7月(文月)	収穫
8月(葉月)	葉藍作成
9月(長月)	寝せ込み・切り返し
10月(神無月)	採種・通し・切り返し
11月(霜月)	通し・切り返し
12月(師走)	阿波藍出荷

※阿波藍(すくも)の鑑定:手板法は、阿波藍の品質を決定する古来の鑑定法です。まず、手板箱から箆《へら》、水鉢、和紙(手板紙ともいいます)、文鎮、敷板などの道具を取り出し、箱の上に並べます。手板箱の前にすわり、左手に阿波藍をとり、箆で数滴の水を加え、練り、阿波藍に水をなじませます。次に、右手の親指で阿波藍を十分に練り、両手で棒状に丸めます。左の掌に少し水をいれ、右手でその棒状の阿波藍を立てて、掌で数回擦りますと、掌の水は濃厚な藍液になります。右手でこの藍液を箆でよく練り、箆の先に液を集めて、箆を立てます。そうするとその藍液は箆に添って流れ、その速度で、藍液の粘度を確認するのです。

次に、掌に箆の上の藍液を移します。棒状の阿波藍の先にその藍液を塗布し、その先端を手板箱の上に置いた和紙に押捺します。このとき、棒状の阿波藍は、形がつぶれ、その形が似ていることから、「しいたけ」と呼ばれます。（『阿波藍』より）

●藍を建てる

通常、染料は水に溶けますが、藍の染料成分インディゴは水に溶けません。しかし、染まるためには、水に溶けなければなりません。インディゴを水に分散させるだけでは、水に溶けたといえず布には染まりません。インディゴは還元され布や糸に吸着し酸化すると、元のインディゴになって青く染まりつきます。水に溶けないインディゴを還元させ青に染める染料液をつくる過程は独特で、「藍を建てる」といいます。

※インディゴは、還元されるとホワイトインディゴになり、さらに水に溶けるイエローインディゴに変換されます。そのイエローインディゴが、布や糸に吸着し酸化しますと、元のインディゴになって青く染まりつくのです。このようにインディゴを還元させ、青に染める染料液をつくる過程を「藍を建てる」といいます。水に溶けないインディゴを建てて溶けるようにする藍染めの工程は、独特です。

藍を建てる方法には、発酵建てと化学建ての二つの方法があります。一般に、発酵とは微生物（酵母、細菌など）が増殖し、必要な酵素を生成し、その作用を利用して目的物を生じる過程をいいますが、藍の発酵建ても、還元菌を増殖させ還元酵素を生成し、還元酵素の働きによってインディゴを還元しています。

発酵建ては、化学薬品がなかった時代から今に続いている伝統的な手法です。一方、化学建ては、還元剤でインディゴを還元する方法です。工業染色で一般的な還元剤は、ハイドロサルファイトナトリウムですが、亜鉛粉末でも還元できます。

化学建ては、薬品（還元剤）そのものが、インディゴを還元しますが、発酵建ては、還元菌が増殖し、還元酵素が生成し、さらに活性するように、必要な栄養源や環境を整えなければなりません。発酵建てが難しいといわれるのは、そのような間接的で複雑な手当てが求められるからでしょう。なお、還元菌、還元酵素および発酵建てのメカニズムに関する研究は、1950年代後半から60年代にかけて高原義昌氏のグループが行ないました。この研究について、多数の学術論文が（当時の）通産省工業技術院発酵研究所報告書や大阪醸造学会発酵工学雑誌などに掲載されています（参考文献一覧参照）。（『阿波藍』より）

●阿波藍の伝統的な染料液作成方法

阿波藍の伝統的な染料液作成方法として、灰汁発酵建てを紹介します。主な工程は、仕込み、中石《なかいし》、口上《くちあ》げ、止石《とめいし》です。それらの工程は5～10日で完了しますが、時には1か月以上かかることもあります。原因は気温、液温、アルカリ性の度合いなどが考えられますが、明らかではありません。

まず、仕込みから説明します。容器に、阿波藍、灰汁、消石灰、酒を入れ、阿波藍が均一に混ざるよう攪拌します。仕込み時の阿波藍の量によって、阿波藍に含まれるインディゴ、ペプチド、炭素源、窒素源の量も変わります。インディゴが増えると、たくさん染められるでしょうし、ペプチド、炭素源、窒素源が増えると、還元菌の育成も促進されます。

※還元菌が増殖し活性化し、藍が還元します。還元した藍は、空気に触れて酸化し、水面は青くなります。アルカリの状態で繁殖する菌は、酸性の状態で繁殖する菌よりかなり稀な存在で、身近な例としても挙げられません。

灰汁、消石灰は染料液をアルカリにする役割があり、酒やフスマは、還元菌の栄養源となります。

阿波藍（蒅）

灰汁は沸騰した状態で入れますが、仕込み作業中に液温は60〜70℃位に下がりますから、還元菌は死滅しません。むしろ、高い温度に雑菌の増殖を防ぐ効果があるようです。仕込み時に灰汁の温度が低い（20〜40℃くらい）と、還元酵素の活性に至らず、インディゴの還元が遅れ、染料液の仕上がりは遅くなることがあります。季節や室温にもよりますが、仕込み後、液温は半日から1日で約25℃まで下がります。

灰汁のpH（水素イオン指数、酸性やアルカリ性の度合いを示す）が高すぎると、還元菌の生育に最適なpH（10・0〜11・5）に達する時間が延びますが、仕込み時の灰汁がすでに最適pHですと、発酵中、pHは下がり続け、最適pHの維持が難しくなるかもしれません。最適pHより若干高めのpHの灰汁で仕込み、ゆっくり最適pHへ下げますと、頻繁なアルカリ添加を防げます。仕込み時、染料液の量は容器の約半分です。酒の代わりに、フスマを使うこともあります。

※還元菌：還元菌は、胞子（1・0×1・5μ、1μ＝10^{-6}m）を持つ0・9〜1・0×2・5〜3・5μの大きさの桿菌《かんきん》で、鞭毛を持ち、運動します。桿菌とは、棒状または円筒形の細菌の総称です。

還元菌の生育に必要な環境条件を温度、アルカリ、酸素、およびペプチドから検討します。温度は30℃が適温で、20〜35℃では大差ありませんが、20℃以下や35℃以上で生育が悪くなります。50℃を超すとほとんど生育しません。還元菌の生育に適したアルカリは、pH10・0〜11・5で、pH12・5以上で生育の限界になります(pHは0〜14までで、7は中性を表し、それより小さいと酸性、大きいとアルカリ性を示します)。

阿波藍の還元菌は、高アルカリで生育しますが、それが一般の菌との相違点です。還元菌は、酸素があれば発育しますが、酸素が少なくなると発育が悪くなり、酸素がまったくなくなれば発育しません。最後に還元菌の生育には、ペプチドが欠かせないことを付け加えたいと思います。ペプチドは、複数のアミノ酸で構成され、阿波藍にはもともと含まれています。(『阿波藍』より)

※還元酵素:還元酵素は、還元菌が増えるに従い生成されますが、インディゴが還元するには、還元酵素が生成し、さらに十分に活性しなければなりません。還元酵素が生成し活性する条件は、還元菌の生育条件と若干異なっています。

還元酵素が生成し活性する条件を、温度、アルカリ、および酸素から検討します。還元酵素の活性化に最適な温度は、45〜50℃です。時折、還元菌と還元酵素が足りているのに、インディゴが還元せず染まらないときがありますが、その場合液温を短時間高めにとりますと、効果的です。つまり、還元菌の生育や還元酵素の生成に適する液温(30℃)は、還元酵素が活性する適温(45〜50℃)と異なっているのです。還元酵素が生成する最適なアルカリはpH11・0ですが、pH11・0を超えますと、その生成は急激に低下します。還元酵素の生成および活性条件は、還元菌の生育条件(pH10・0〜11・5)よりも範囲がせまいのです。pHが高すぎないように注意したいものです。

酸素は還元酵素の生成に必要ですが、活性化には不利益に働きます。発酵に伴って生成する酸を中和するため、染料液を攪拌しますが、還元酵素を活性化するには、最低限の攪拌にとどめ、不必要な酸素の接触を避けたいものです。

仕込みの数日後、液面が紫がかってきます。この数日後という期間は目安で、1日後かもしれませんし1か月後かもしれません。要するに還元菌が増殖し、還元酵素を生成し活性化し、インディゴが還元したときなのです。インディゴが還元し始め、液の表面が空気中の酸素に触れて酸化し、それがインディゴの藍色として表れ、液面が紫色をおびるのです。このとき染料液のpHが10・5程度に下がっていますと、消石灰を追加します。この工程を中石《なかいし》工程と呼んでいます。(『阿波藍』より)

※中石の難しさ:中石の難しさを感じるのは、中石のタイミングを時間で決めてしまうからかもしれません。というのも、本や実例の報告を読みますと、中石工程は仕込みから、3、4日後に、インディゴが十分に還元していないのに(青く染まらな

いのに)、中石の工程(消石灰の添加)に入ってしまうことがあるのです。インディゴの還元していない状態で消石灰を追加しますと、いよいよアルカリ性の度合いが高くなってしまい、還元が遅れるのです。中石を時間で決めるのではなく、インディゴの還元が始まっているかどうかで決めてほしいのです。

中石を容易にするために、pHメーターがあれば、pHを測ります。pHメーターを使わずに判断する方法を写真に示します。口絵2頁の写真①のように、ティッシュペーパーを重ね、染料液に浸しますと、②のように茶色い染料液が染み込みます。もし、還元が進んでいないと、②を水洗いしても、③のように、青みがほとんどありません。このときは中石のタイミングではありません。中石のタイミングは、インディゴが十分に還元したときですから、①のティッシュペーパーを染料液に浸し(④)、水洗いし、⑤のように青くなったときです。つまり、②と④のように、ティッシュペーパーを水洗する前ですと、染料液が還元しているかどうか判断するのが難しいのですが、ティッシュペーパーを水洗いしたあとですと、③と⑤のように青いかどうかで、判断できるのです。染料液を見るだけで判断するのが難しいと思われる方は、ぜひ試してください。(以上、『阿波藍』より)

中石と同時に、pH10・0〜pH11・0程度の灰汁を添加し撹拌します。この工程を口上げと呼んでいます。この灰汁も必須条件ではなく、灰汁の代わりに湯を使ってもいいのです。稀にpHが10・0以下になることがありますが、その場合は高いpHの灰汁で口上げすることもあります。口上げでは、何を使うかではなく発酵に適正な条件に整えることが必要です。

染料液の温度が低い(20℃以下)と、灰汁を沸騰させて入れますが、低くなければ(25℃以上)常温の灰汁を使います。中石工程で消石灰が添加されますから、中石後pHは上がります。

その後、再びpHが10・5以下になりましたら、さらに消石灰を追加し、染料液を撹拌し仕上げます。この工程を止石と呼んでいます。このとき、液面に浮かぶ紫がかった藍色の泡を「藍の華」と呼びます。中石と比べますと、止石工程は簡単です。極端にいえば止石工程がなくても染まります。中石工程でインディゴは還元しすでに染まりますから、止石の役割は染色可能な状態を維持することです。

消石灰は徐々に溶け、アルカリの状態を維持するのです。消石灰を一度に投入しますと、消石灰が過剰になり、藍色に影響を与えるといわれていますので、消石灰を、仕込み、中石、止石のそれぞれの工程で徐々に添加するようです。しかし、どのように色に影響を与えるのか、科学的に検討したかどうかはわかりません。

以上の工程で、染料液がつくられます。

※染液の管理：(温度)染液を管理するのに最適な温度は、30℃ですが、還元酵素を活性化するには、液温を45～50℃にする必要があります。たとえば、pH10・0～11・0、液温30℃を保ち、還元菌や還元酵素が十分でありながら、染まらない場合は、還元酵素の活性不足で、インディゴが還元していないのかもしれません。このときは、染料液を短時間加温し、液温を45～50℃にすると効果的です。20℃以下になった場合も、その低温のために還元菌が死滅することはありませんが、適温にするために加温したいものです。藍甕4基を1組にして土の中に埋めたような昔からの設備ですと、その真ん中に火壷があり、おが屑を燃やして加温できますが、ポリバケツですとそれもできません。染料液の一部をくみ出して加温し戻すのもよいでしょうし、仕込みから断熱材を巻いておくのもいいでしょう。

(アルカリ管理)発酵中、酸を生成し続けて、染料液のアルカリ性の度合いはだんだん弱くなってきます。そこで、常にpH10・0～11・0の高アルカリを維持するため、消石灰や灰汁、時には水酸化ナトリウムを添加します。消石灰はあまり水に溶けないので、持続性がありますが、水酸化ナトリウムは水によくとけ持続性がありません。pHが急激に下がり10・0以下が続きますと、即効性のある水酸化ナトリウムを使うこともありますが、通常は消石灰と灰汁を使います。

(酸素)還元菌の生育には酸素が必要ですが、還元酵素の活性化やインディゴの還元には、染料液が空気中の酸素と接触するのを控えます。染料液の攪拌は、生成される酸を中和する程度に慎重にしておきたいものです。止石が終わった後は、染色した日は染色後に、染色しない日も、毎日1回染料液を攪拌します。また、液面は空気中の酸素と接していますから、容器について、その表面積を狭く、深さを深くし、酸素の接触を少なくするのも検討に値するでしょう。

(炭素源)炭素源としてのデンプン質は、還元菌の生育に必要ですが、インディゴを還元するためにも必要です。阿波藍中にも含まれていますが、仕込み時に、酒、フスマ、小麦粉、ブドウ糖などの添加で不足分を補っています。炭素源は消費されていきますが、過剰な炭素源の添加は、pHの急激な低下の原因にもなりかねませんから、適度な添加を心がけたいものです。

(窒素源)還元菌を増やし、還元酵素を生成するのに、窒素源は不可欠です。炭素源と同じように消費されていきますが、阿波藍中に十分含まれますので、無添加でもインディゴは還元します。(以上、『阿波藍』より)

●藍栽培の拡大を

土のような固形の阿波藍から、発酵建てによって、鮮やかな藍色が布上に現れます(口絵写真参照)。この色の魅力が、長年人々の心を捉えているからこそ、阿波藍製造技術の伝統が伝えられてきたのだと感じています。

1960年代には、阿波藍製造は存続の危機にありましたが、関係者の皆様によって様々な振興策が講じられました。その努力によって、1985年までに、小規模ながら復活しました。その後、20年以上製造量は安定していました。

しかしながら、2007年ごろから再び減少傾向を示しています。原材料の藍の葉の栽培が難しくなったのです。藍師の状況や染色人気に変化はないのですが、農家の廃業が原因だと思われます。

それでも藍の色に魅力を感じる方々の地道な努力が、今も続けられています。その努力が報われ、阿波藍の最大の魅力である美しい冴えた色が、これからも多くの方々に届きますよう、願っています。

（川人美洋子）

阿波藍の歴史——『藍作始終略書』によりながら

●阿波藍の起源

阿波といえば藍、藍といえば阿波藍といわれるほど、藍は阿波で20世紀初頭まで盛んに栽培・製造されてきた。

この阿波藍の起源については、1815（文化12）年成立の阿波藩撰『阿波志』の「国初、播磨飾磨《しかま》より移し、之を呉島に植う」（原漢文）や、1712（正徳2）年の自序がある。『和漢三才図会』の「藍は京洛外の産を上と為す、摂州東成の産最も勝れり、阿波・淡路の産之に次ぐ」（原漢文）などの記事から、1585（天正13）年に播州竜野から阿波に入部した蜂須賀家政が播磨の飾磨周辺の藍を呉島《くれしま》（現・麻植郡鴨島町）に移植したことに始まる、という説が長い間支配していた。

しかし、蜂須賀氏が入部した翌年の1586（天正14）年に、阿波国中の紺屋に対して「紺屋役米」を賦課しているうえ、呉服又五郎を「紺屋司」に任命して「紺屋役米」の徴集権を付与している。翌1587年には、国中の紺屋が紺屋役米納入を承引しなかったので、再度、紺屋役銭として一人前古銭10疋を賦課するとの触を出している。さらには、1657（明暦3）年に書き写されている『みよしき』に、1541（天文10）年ごろ、青屋四郎兵衛が新しい藍染法を阿波に移入したという記述がある。それゆえ、蜂須賀氏入国以前に、阿波で藍作が行なわれていたことは確実である。故後藤捷一氏は、これらの史料から、「蜂須賀氏入部以前、つとに麻植《おえ》郡西辺を中心の農民間に藍耕作が、かなり盛んに行なわれていたものと推定することができる」と述べられている。

この後藤氏の説を補強発展させた論文が、1981年に今谷明氏によって発表された（「瀬戸内制海権の推移と入船納帳」）。今谷氏は、『兵庫北関入船納帳』に出てくる藍の輸送条項を抽出し、その船籍地を検討された結果、「土佐泊」＝現・鳴門市土佐泊、「牟屋《むや》」＝現鳴門市撫養《むや》、「惣持院」＝「廃総持院」＝現・吉野川市（旧麻植郡山川町川田市）と比定され、このことから、1445（文安2）年に東大寺領摂津兵庫北関（兵庫港の一つ）を通過する藍の総計442石のうち、「兵庫問丸船以外の藍71石はすべて阿波産であることが判明し、地下船にて運送された藍の大半も阿波産と考えるのが妥当であろう」「この『入船納帳』によって『麻植郡西辺』という後藤氏の推定地域が的中した（惣持院はまさに麻植郡西部に当たる）のみか、阿波藍の生産が一挙に15世紀前半に遡り、しかも吉野川流域が瀬戸内地域を含む西日本に冠たる藍生産地としての地位を築いていたことが明らかになった」（今谷、前掲書）と述べている。

この『兵庫北関入船納帳』に出てくる「惣持院」については、今後より厳密な検証が必要であるが、少なくとも15世紀中葉において、すでに阿波で藍栽培が相当広範に行なわれ、移出されていたと確定してよいと思われる。

●阿波藍の発展と藍行政の展開

◎阿波藍の産地と作付面積の増大

15世紀の中ごろ、阿波で藍がすでに相当栽培されていたであろうことは前述したが、1624～48年（寛永・正保期）には吉野川中下流域の麻植・板野・名西・名東・阿波の5郡で栽培されており、1655～61年（明暦・万治期）には、葉藍の作付面積が数百町歩であったという（西野「阿波藍沿革史」）。（図1）

この阿波藍が全国的な商品経済の展開と相まって飛躍的な発展を遂げるのは、18世紀以

図1　近世の阿波

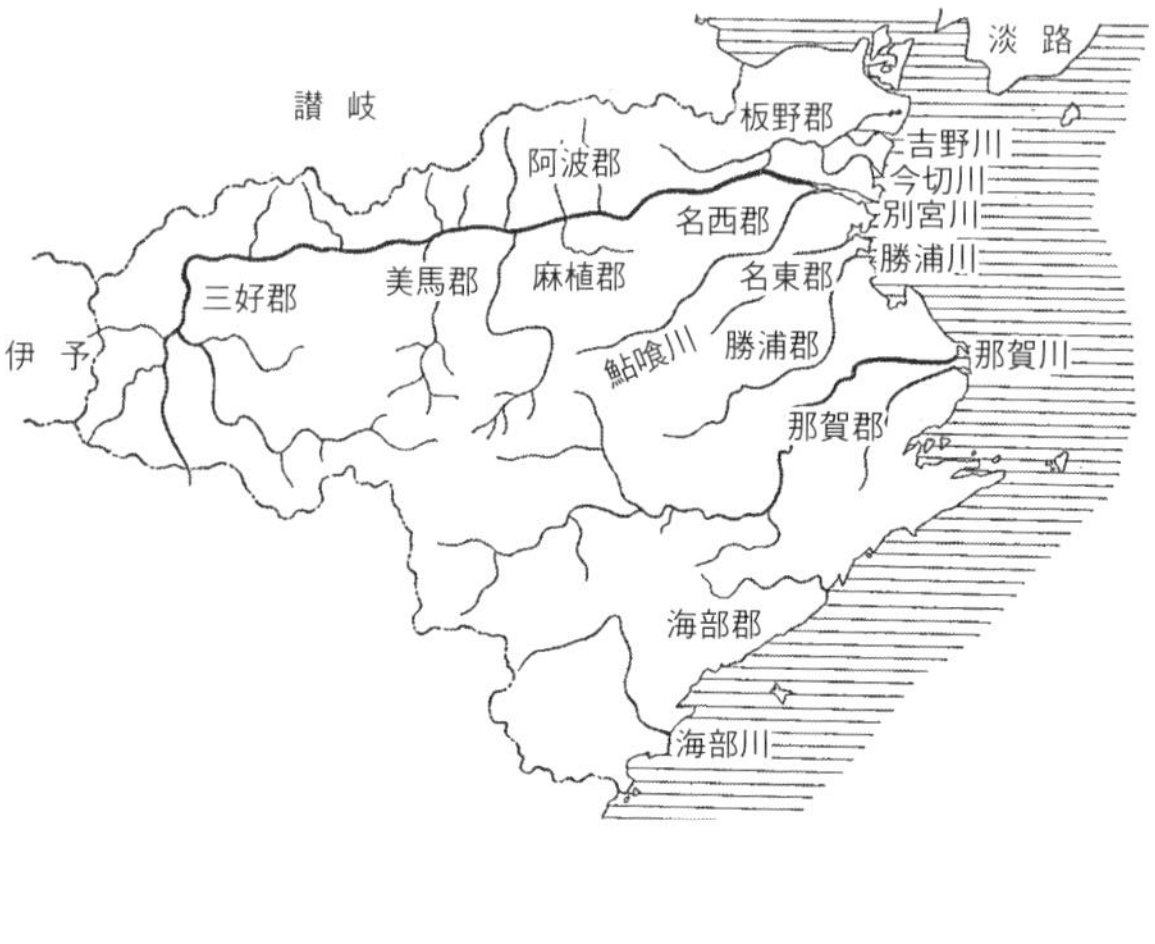

降のことである(表4参照)。1740(元文5)年になると、藍作は美馬・三好両郡にも及び、表5のような生産状況を示していた。つまり、葉藍は吉野川中下流域の板野、麻植、名西、名東の4郡を中心にして、「北方《きたがた》」すなわち吉野川流域7郡(名東、名西、板野、麻植、阿波、美馬、三好)の237か村で栽培され、その作付面積は約3000町歩に達していた。それが、60年後の1800(寛政12)年には、作付面積は6502町歩と倍増し、藍玉生産高は17万9430俵を数えるほどになった。さらに1804(文化元)年には、藍玉生産高は20万3000俵となり、以来20万俵を超える生産が幕末まで続いた。

このように、藍作は吉野川中下流域の板野、名東、名西、麻

表4　各年次藍作付面積、藍玉俵数

年　代	作付面積	俵　数
明暦・万治期(1655〜1661)	数百町歩	—
元文5(1740)年	3,000町歩	—
寛政12(1800)年	6,502	179千俵
文化元(1804)年	6,298	203
文政元(1818)年	6,735	276
天保元(1830)年	7,133	229
弘化元(1844)年	6,920	235
嘉永元(1848)年	6,835	230
安政元(1854)年	6,912	231

注:板東紀彦「吉野川下流域における藍策の展開」(三好昭一郎編『徳島藩の史的構造』名著出版、1975年)による

表5　1740(元文5)年 北方7郡葉藍作付け状況

郡　名	作付け村数	反当平均収量	反当最高収量	収穫量
板　野	80(5)村	23貫	48貫	308千貫
名　東	52(3)	24	55	227
名　西	38(6)	25	55	234
麻　植	29(1)	28	55	274
阿　波	16(0)	17	35	22
美　馬	15(0)	24	45	5
三　好	7(0)	23	35	1
計	237(15)			1,071

[注]1.作付け村数の(　)内は、葉藍の作柄が「上所」とされている村数
2.表4と同じ資料により作成

図2　近世の藍作地

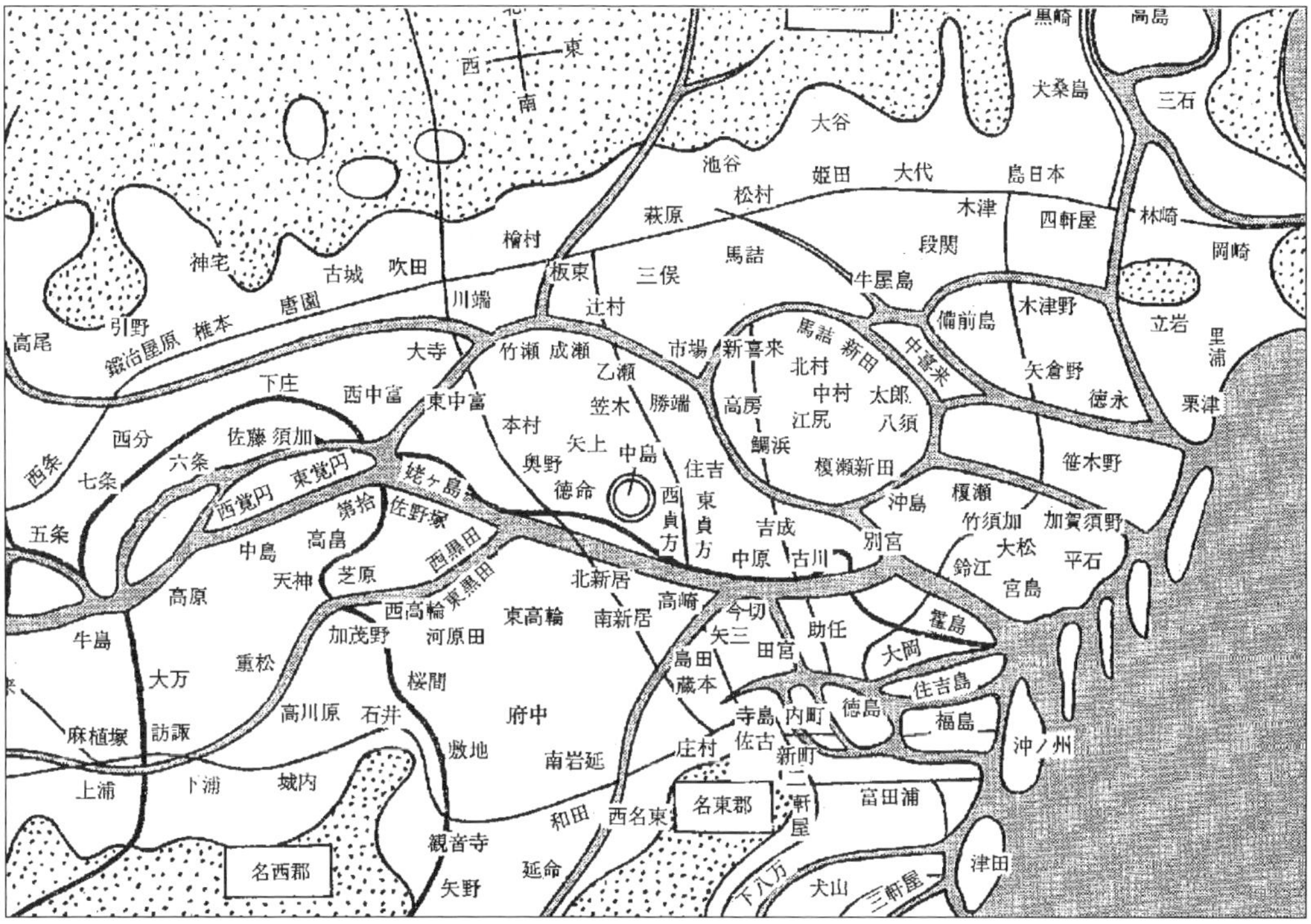

植、阿波の5郡を中心に、吉野川流域諸村へと普及・発展していた。その大きな理由として、次の4つが挙げられる。①これらの地方は灌漑技術上の制約から水田耕作ができにくかった地域であり、②毎年のように起こる吉野川の氾濫によって有機物に富んだ細砂土が堆積する中下流域の土壌は、藍作にとって最適であり、③豊作時における藍作は、米以外の他作物に比べてきわめて有利なので、百姓の耕作意欲を駆りたて、④藍という商品作物に目をつけた藩が藍作を奨励し、専売制をしき、阿波藍の生産と販売に意を注いだためである。

◎藩財政と藍行政の展開

阿波藩では、1629(寛永6)年に藩祖蜂須賀家政(蓬庵)が病気になったのを契機に二代藩主忠英《ただてる》の直政が始まり、藩政の中枢が整備確立され、それに伴って地方支配機構も次第に整えられてくる。そして、1659(万治2)年には、5人の家老による家老仕置輪番が制度化し、家老仕置─裁許奉行─代官・給人という地方支配の系列化が確立される(石躍胤央「藩制の成立と構造─阿波藍を素材にして」)。

このような地方支配の整備確立過程の中で、藍行政も形を現わしてくる。1635(寛永12)年に創設された藍方役所がそれである(西野『阿波藍沿革史』)。

毎年のように氾濫する吉野川を治めることができず、灌漑技術上、水稲作ができない吉野川流域に商品価値の高い藍作が奨励され、葉藍作付面積と藍玉生産量は年を経るごとに激増していった。1661〜73年(寛文期)には、すでに大坂や江戸に藍問屋を設け、盛んに移出するほどになっていた(西野『阿波藍沿革史』、図2参照)

ところで、こうした動きを示していた時期の藩財政であるが、度重なる幕府からの軍役・普請役の賦課と参勤交代の制度化により、早くも1647(正保4)年には借銀をし(『阿淡年表秘録』)、さらに1648(慶安元)年には、3か年間家臣の知行を3%ずつ召し上げなければならないほど逼迫していたのであった。この後、貨幣経済の渦に巻き込まれていく中で、財政難は次第にひどくなっていった。

そこで、1733(享保18)年、藩財政を好転させる大きな方策の一つとして、当時北方7郡で盛んに栽培されていた藍から本格的に収奪することを始めた。すなわち、藍方御用場(藍方奉行所ともいう)を設け、葉藍の専売制を開始したのである。この専売制の骨子は、①藩が藍作人から葉藍を買い上げる、②買い上げた葉藍を藍師(藍玉製造者)に払い下げる、③葉藍の売手・買手、つまり藍作人と藍師の両方から2%ずつの葉藍取引税(「四歩懸」という。4歩のうち3歩を代官所が収納、残り1歩を村役人に下付するもの)を徴収する、④葉藍・蒅の移出を禁止する、というものであった(大槻弘「阿波藩における藩政改革─藍作を中心として」)。また、藍の密売が盛んになったので、

1735(享保20)年にはそれを禁止し、藍作地帯の村役人を葉藍為改役・藍玉抜荷為改役に任命して取り締まった。

藍玉の需要が増すにしたがい、藍商以外の者までもが藍玉販売に従事しだしたので、1739(元文4)年に業者以外の取り扱いを一切禁止するとともに、藍作人とその作付面積を調査するなど、専売制を強化していった。次いで、1754(宝暦4)年には、藍玉の製造・販売権を固定化し、藍師(玉師)から運上銀を取り立てるため「玉師株」を設定した(高橋啓「徳島藩の中期藩政改革について」および「近世後期吉野川流域の葉藍生産」)。当時、吉野川流域諸村では、有力藍作人層のなかから藍師に成長していく新興藍師層の台頭が顕著であったが、この「玉師株」の設定は、在地におけるその傾向を真向から否定するものであった。

1756(宝暦6)年、吉野川中下流域の藍作地帯で五社宮騒動が起こった。この騒動は、享保期以降の藍作に対する収奪強化や、宝暦4年の「玉師株」設定を軸とする藍玉の生産と流通に対する支配強化に抗してたたかわれたものである。藍作人を中心とする農民諸階層の広範な抵抗は、阿波藍によって経済的危機を打開しようとしていた藩権力に大きな打撃を与えた。

その結果、1760(宝暦10)年、藩は藍方役所を廃止し、①従来藍作人からも徴収していた葉藍取引税を廃止するとともに、②「玉師株」を撤廃し藍玉の製造・販売を自由化するなど、一揆側の基本的要求を受け入れることになり、阿波藍に対する支配と収奪は大きく後退した。

この葉藍取引税と「玉師株」の廃止により、藍作は活況を呈し、台頭しつつあった新興藍師層は急速な成長を遂げ、大坂を中心とする流通市場へと進出していった。しかし、この藍玉自由販売下での大坂市場への参加は、有力な大坂商人資本(大坂藍問屋・仲買)による価格操作と買い叩きによる藍玉価格の下落を招いた。このことは大坂市場へ参加した藍師の経営を圧迫しただけでなく、藍作の停滞や藍作人の困窮化をもたらし、藩権力の収奪の基礎そのものをも崩壊させる要因となった。

1761(宝暦11)年、阿波藩の負債は金30万両にも達していた。この藩財政の危機を打開するため、1759年(宝暦9)年から1769(明和6)年にかけて、新藩主蜂須賀重喜を中心に「明和の改革」と呼ばれる一連の藩政改革が推し進められた。その一環として、五社宮騒動によって大きく破綻していた藩行政に一大改革の手が加えられた。この藍行政改革は、「明和の仕法」と呼ばれるが、1766(明和3)年、藍方役所(翌年、藍方代官所と改称)を再興することから始められた。「明和の仕法」の骨子は次の二つである。一つは、大坂商人資本による藍玉市場支配を排除するため、従来大坂で行なっていた藍玉取引を、藍方役所の監督のもとに徳島城下で行なうようにしたことである。もう一つは、在方藍師層との提携のもとに葉藍取引税と「玉師株」とを復活したことである。

　この徳島城下での藍玉取引について、大坂藍問屋・仲買は、ただちにその廃止を大坂町奉行所に提訴した。１７６７（明和４）年、大坂町奉行所は「国元ニ売場相立候儀ハ新規之事ニ候間、是迄之通可被相心得候」（高橋啓「徳島藩の中期藩政改革について」）と、徳島城下での取引を中止するよう採決を下した。しかし、藩財政を建て直すために、重喜はこの幕府決定に従わず、改革を断行した。その結果、１７６９（明和６）年、重喜は「新儀」を企てたとの理由で幕府から隠居を命ぜられ、「明和の改革」は挫折した。

　重喜は失脚したが、藍玉取引は徳島城下で行なわれ、藍玉市場を藍方代官所のもとに統轄しようとする努力は続けられた。しかし、藩財政の深刻さは一段と増し、１７８８（天明８）年には、藩の債務が40万両にも達したという（『徳島県史』第３巻）。


　高橋啓「徳島藩の中期藩政改革について」に記載された１７７９（安永８）年の藩財政収支見積表を見れば、借銀累計は１万７０００貫余、金にして約30万両の巨額であり、借銀利子などの返済だけで年間１５５５貫余も要求されている。米・麦の売却によって銀１８６５貫（43・7％）が計上されているのに対し、藍作からの収益は銀５５３貫（13％）足らずと、きわめて少ないのである。後述するように藍作からの収奪は、「寛政の改革」以後、生産増強のほか干鰯・藍砂の専売化など、いろいろな角度から強化されていくが、やはり米・麦、特に米作からの収益が藩財政にとって大きな比重を占めていた。新田開発も１７８０年代以降、盛んにされるようになる。


　そこで、重喜の子治昭は、抑商勧農主義の立場にたちながら、いわゆる「寛政の改革」を始めた（高橋啓「徳島藩の中期藩政改革」および「近世後期吉野川流域の葉藍生産」）。この寛政の改革の一環として、１７９１（寛政３）年、藍玉取引の合理化とその統制強化をねらった「寛政の御建替」といわれる藍行政の改革を行なった。そして、１７９８（寛政10）年とその翌々年には、それぞれ藍砂（蒅を搗いて藍玉にするときに混入する砂）・干鰯の専売制を始めた。さらに、大坂・江戸に売場先をもつ藍師層を留守居の直轄下に置き、藍師層と提携しながら１８０２（享和２）年には関東売場株、１８０６（文化３）年には大坂ならびに畿内売場株を制定して株仲間を組織し、藍玉市場の独占支配を強めていった。そうして、１８０４（文化元）年以降、藍玉生産は20万俵を超えたのである。

　ところで、明治維新以降は、全国的な需要拡大により一層の発展を遂げ、１９０３（明治36）年には、作付面積（１万５０９９ha）・葉藍生産量（乾葉２万１９５８ｔ）、ともに史上最高を記録した（『徳島県統計書』）。しかし、わが国染織業界の手工業・

家内工業から機械による工場生産への移行に伴い、明治初年から行なわれていたインド藍の輸入増加、特に1904年以降にドイツからの人造藍の輸入が急増するにおよんで、阿波藍は次第に衰微していった。

●『藍作始終略書』とその時代背景

◎著者と対象地域について

『藍作始終略書』の底本は、故後藤捷一氏旧蔵の紙数14枚からなる『藍作始終略書』である。他に写本等の類は見当たらない(故後藤捷一氏の蔵書は現在その大部分を四国女子大学が所蔵しているが底本となった『藍作始終略書』の所在は不明である)。

『藍作始終略書』については、すでに後藤氏が『阿波藍譜』史料篇、上巻において紹介されている。そこには、いかなる根拠に基づいて記されたかは不明であるが、『藍作始終略書』は板野郡貞方村(現、藍住町、執筆者注：藍住町は徳島市応神町の誤記)庄屋斎藤源左衛門が藍代官所の命により、その筋に提出したもの」という付記がされている。『藍作始終略書』は、すべて同一人の筆によるもので、表紙には「藍作始終略書　寛政元年酉八月晦日指上ル扣」とあり、末尾には「(前略)大綱之所は右之通ニ御座候」などと書かれている。これらのことから、『藍作始終略書』は1789(寛政元)年に書かれた上申書の控であることが判明する。しかし、寛政元年前後には、後藤氏が付記されている「庄屋斎藤源左衛門」の名はどこの村にも見当たらず、現在のところ著者については未詳である。

『藍作始終略書』には、後述するように、藍種採取から藍玉製造までの藍づくりの概略を述べながら、藍作における反当収支見積もり、藍作地帯における農民と藍作とのかかわり、藍玉の鑑定法、「藍ごみ」と葉藍相場との関係、「藍ごみ」「藍がら」の利用法などが記述されている。また、「小成シ取」「嶋分」「山ン分」などの方言、「裏虫」「きらり」「空通《ヨ》シ虫」などの害虫の呼び方、「留肥シ」「真《し》ン指《ざ》シ」「藍方」「藍寝床」「玉師」「手板」「りんごミ」「元葉ごミ」など阿波藍に関する独特と思われる用語が使われている。

以上のことから、『藍作始終略書』は、葉藍生産に従事するとともに藍玉の製造・販売にたずさわっていた藍師が、吉野川中下流域の「藍園《あいぞの》」(藍作地帯)と呼ばれる諸村の状況を念頭におきながら書いたものと思われる。

◎『藍作始終略書』成立の時代および地域的背景

『藍作始終略書』が対象とする地域の状況については、1784(天明4)年の記録に「御国藍玉之義ハ名東・名西・麻植・板野・阿波五郡之義ハ用水懸り不自由ニ御座候ニ付、田作相調不申、藍作一所ニ仕右藍玉代銀ヲ以御年貢上納仕来候」(「京都藍問屋一巻」蜂須賀家文書・国文学研究資料館蔵)とある。つまり、吉野川中下流域の村々では、水稲作ができず、すでに藍作一辺倒の土地柄になっており、年貢も藍玉代銀で上納され、藍作とのかかわりなしには農民生活が成り立たないというありさまであった。『藍作始終略書』でも貼紙に、藍作地帯の村々では「夏秋御年貢、諸上納物」のすべてを葉藍からの収益で充当していると書かれている。

このように、吉野川中下流域の村々が「藍作一所」になるほど藍作への依存度を高めたものは、気候風土の適性、藩の奨励もさることながら、後述するように豊作時における藍作の利潤の大きさに対する魅力であった。しかし、上質の葉藍を多く収穫するには、多量の金肥つまり干鰯を必要とした。再生産さえままならぬ中農層以下の百姓にとって、播種・育成時期に自前で干鰯を購入することは不可能である。それゆえ、藍師などの有力百姓や藍方代官所から干鰯代銀あるいは干鰯そのものを前借りして葉藍栽培をするわけである。豊作で葉藍相場が高いときは、他の作物に比べてその剰余はとても大きいが、凶作あるいは相場が下落したときは、干鰯代銀およびその利息が払えず、所有田畑を質入れ・売却する羽目におちいる。この危険率は藍作への依存度が高くなればなるほど大きくなる。こうして藍作人のほとんどは貧窮化のコースをたどり、小作人あるいは日雇い人となる。他方、藍師たちは、干鰯の前貸し支配をてこに質流れによる大規模な土地集積を図り、質地地主化していく。このような傾向は、すでに『藍作始終略書』が成立した寛政段階において、藍作地帯で広範に認められる。そのことは、１７９５（寛政７）年の阿波・麻植両郡を調査した郡代報告書の中で端的に指摘されているし（高橋啓「近世後期吉野川流域の葉藍生産」）、表６、７の板野郡竹瀬村の事例からも考えられる。

以上、『藍作始終略書』成立時の藍作地帯の状況について述べてきたが、政治的には次のような展開があった（以下の所論は高橋啓「徳島藩の中期藩政改革について」による）。

表6　板野町竹瀬村の村落構成

階　層	享保9(1724)		明和5(1768)		天明元(1781)		文化3(1806)	
20石以上	2		2		1		1	
15～20	5		8		0		0	
10～15	4		0		2		2	
5～10	9		10		13		12	
2～5	10	22 (52%)	27	40 (67%)	21	(47) (75%)	18	63 (81%)
2石以下	2		13		26		32	
無　高	10		?		?		13	
計	42戸		(60戸)		(63戸)		78戸	

［注］高橋啓「徳島藩の中期藩政改革について」（後藤陽一編『瀬戸内海地域の史的展開』福武書店、1978年）による

前述したように、１７６９（明和６）年、藩主重喜は幕命により隠居させられ、失脚した。そのあと、門閥家老たちの手によって藩政が取り仕切られた。彼らは藩財政の危機を打開するために、年貢請負など商人資本による請負制度を積極的に導入し、商業的利潤に吸着する政策をとった。この商業資本を介在させる財源確保策は、農民にとって二重の収奪強化となってはね返り、より一層の農民の疲弊化を招き、農村荒廃に拍車をかけた。１７８６～87（天明６～７）年をピークとする飢饉は、この農村

表7 竹瀬村木内家の土地所有

年　代	所有地
延享3(1746)年	反 16.100
明和5(1768)年	45.400
安永2(1773)年	77.800
享和2(1802)年	石 71.900

[注]高橋啓「近世後期吉野川流域の葉藍生産」(渡辺則文編『産業の発達と地域社会――瀬戸内海産業史の研究』渓水社、1982年)より引用

荒廃をさらに増幅させた。藩の負債も、1779(安永8)年に金にして約30万両であったが、1788(天明8)年には約40万両に達するまでに増大したのである。

そうした中で、天明7年、藩主治昭は「御国元年々凶作打続、百姓共飢餓御救被仰付候得共、御勝手向難渋ニ付而ハ、端々迄行届候処御不安心、(中略)御直々御政事方も被遊度」(『阿淡年表秘録』)と、家老の執政にかわる藩主直政の実現を内外に表明した。そうして、まず寛政初年に、荒廃した農村を復興させるため、現実の農村の状況を踏まえながら、勧農政策を積極的に推し進めた。

『藍作始終略書』は、このような状況の中で、上申書として作成されたのである。

◎『藍作始終略書』の内容とその特色

阿波藍は、大坂・江戸だけでなく全国各地にさかんに移出されたが、藩は専売制志向を強めるにつれ、その栽培・製造の技術が洩れることを極度に警戒するようになった。近世における技術が記録として伝達されることが少なかったうえに、この技術流出への警戒も一因となって、近世に書かれた阿波藍に関する技術的記録はきわめて少ない。本格的な阿波藍の栽培・製造技術書としては、1789(寛政元)年に書かれた『藍作始終略書』が、管見の限りでは最古のものである。

『藍作始終略書』は、①藍種子のとり方、②藍種子の蒔き方、③植えつけ後の追肥の施し方、④藍作に適した土地と収支計算、⑤葉藍の寝かせ方、⑥藍玉をつくるときに砂を加える理由、⑦藍玉の鑑定法、⑧藍ごみの利用法、⑨藍の茎の利用法の構成になっており、阿波藍に関するすべてが簡潔にまとめられている。これを次頁のように「藍作農事暦」として表示すると、年間を通じての作業がよくわかる。

さて、『藍作始終略書』の特徴は、「葉藍栽培」や「蒅製造」などについての単なる技術的な記録だけでなく、藍作経営と農民生活とのかかわりに注意が払われている点にある。つまり、藍種子採取から始まって藍玉の製造・出荷に至るまでの阿波藍に関する作業の概略を述べながら、①葉藍栽培における反当収支計算、②その計算は「中の上」の土地で豊作を想定したものであること、③豊作の年はきわめて稀で、金肥を多量に投入するので凶作の場合は被害が甚大であること、④「年貢およびその他の諸上納物のすべてを、右の藍作からの収入にたよっている」と藍作地帯における農民生活の藍作への依存度の深さなどを記している。これは、『藍作始終略書』が、「農村復興策や農民経営の再生産を保証していく政策」(高橋啓「徳島藩の中期藩政改革につ

藍作農事暦(『藍作始終略書』より作成)

作業名	時期・作業内容など
一番刈り	―〈6月土用中〉 「中刈」にして3番目の葉や茎を生育させ、結実を待つ。
藍種子の採取	―〈8月彼岸過ぎ〉 山間部の藍から採種した若熟れの種子がよい。
播　種 ↑ 60～70日 ↓	―〈春の彼岸までに〉 ○苗床――本畑1反につき7坪から10坪まで。 ○藍種子の量――1坪に2勺4才から3勺まで。 ○施肥――1坪に干鰯粉を5合から1升まで。または下肥。 ○害虫駆除 ○除草
植付け	―〈4月中〉 ○藍苗の大きさ――5、6寸から7、8寸まで。 ○施肥－1反当たりの合計で干鰯2石2斗から3石3斗。 ・付肥し(根つけ肥) 雨が降ったときはすぐに施す。 雨が降らないときは5、6日後に下肥、さらに2、3日後に干鰯粉を3斗から4、5斗。 ・二番肥し(7、8日目) 干鰯粉6、7斗から8、9斗まで。 ・三番肥し(7、8日目) 干鰯粉1石から1石4、5斗まで。 ・留肥し 干鰯粉3、4斗を真《し》ン指《ざ》シにする。 ○この時期に虫害・水害・旱魃がなければ収益大。
藍刈り	―〈6月土用中〉 この時の天候が葉藍収量の増減に作用する。
藍こなし	中の上の土地で豊作の場合、葉藍35貫、剰余銀93匁4分1厘。 藍ごみの収入、1反につき銀8、9匁くらい→藍こなしの人夫賃に充当。 藍がらは焼いて紙すきの灰汁用に売る。1反に5斗とれ、平均銀5匁の収入。
蒅づくり ↑ 70～80日 ↓	―〈――〉 ○藍寝床1床――葉藍300貫目から600～700貫目まで。 ○葉藍400貫目を寝かせるとして ・荒寝水(一番水)18石 ・床返し(7、8日目) ・二番水(7、8日目)――葉藍の重さの2割の水、この場合は1石。 ・三番水からは4、5日目ごとに注水し、蒅のでき具合によって水の量を加減する。 ・注水回数は全部で12～13回。 ○できた蒅が葉藍重量の2割2、3歩減の重さであれば上々のでき。 ―〈――〉
藍玉づくり	蒅　4貫目 砂2升(1貫200匁) 水2升5合程(1貫目余) の割合で搗く。ただし、藍玉に砂を入れるのは目方を重くするためであるという。 ―〈――〉
出　荷	○藍方代官所または近国送りのとき 1俵――23～24貫目 ○遠国送りのとき 1俵――22貫200匁～22貫400匁

いて」)を一つの基調とする、阿波藩の「寛政の改革」とかかわる上申書であることに由来すると思われる。

　また、右のことと関連して、「藍種子」「反当収支計算」「藍砂」について注目すべき記述がある。次にこの点に関し若干の考察を加える。

〈藍種子について〉

　藍種子は、普通、一番刈りをした後、再び葉や茎の生育を待ち、結実させて採取する。

　阿波藍最盛期の明治期において、山間部のやせ地に生じた種子を肥沃な土地に蒔くとよく繁茂し、雨湿害・虫害などが少ないとして、山間部で採取された藍種子が盛んに使用されていた(三木與吉郎順治『藍の栽培及製法』)。『藍作始終略書』を見ると、藍種子の採取方法を記述しているほかに、「種子は、平野部の藍からも稀にとることがあるが、ほとんどは山間部の藍からとる」とあることから、18世紀末の段階で、すでに山間部で育成された藍から採取した種子が広範に播種されていたことがうかがわれる。また、「熟れすぎたものは育ちが悪いので、若熟れがよい」「熟れすぎたものほど生育するにしたがって下葉が腐り、落ちてしまうからだ。若熟れのものなら葉が腐らない」と、完熟のものでなく「若熟れ」の種子が喜ばれていたことがわかる。

〈藍作の有利性と危険性について〉

　他作物に比べ、藍作の有利性が言われるが、それがどんなものであったかについて見ていきたい。

　『藍作始終略書』では、「中の上」の土地で藍作が豊作であった場合を想定して、表8のような1反当たりの収支計算をしている。すなわち、1反歩の藍作地から葉藍35貫目が収穫されるとして、その藍玉代銀が２４０匁《もんめ》、これから肥料代等を差し引くと93匁4分1厘という高い剰余が見込まれている。

　しかし、この反当収支計算における干鰯の量は、原著者が先に「植付之次第」のところで記述している量と若干異なるので、表9を作成した。すると、肥料代銀は最低１１２匁7分5厘、最高１７１匁となり、両方とも原著者が計上した肥料代銀１０1匁を超える。そこで収支計算をやりなおし、藍ごみ代、藍柄の灰代、藍こなし人夫賃などを勘案し表10を作成すると、干鰯を使う量が最も少ないときの剰

表8　藍作における反当収支見積もり

収入	銀	240匁	
支出	銀	146匁5分9厘	
剰余	銀	93匁4分1厘	
算出基礎			
収入	葉藍	35貫目、藍玉代銀	240匁
支出	銀	146匁5分9厘	
(内訳)			
○肥料代			銀101匁
苗床肥し	干鰯1斗＋下肥し		銀6匁
付肥し	干鰯3斗＋下肥し		15匁
二番肥し	干鰯5斗＋下肥し		25匁
三番肥し	干鰯8斗＋下肥し		40匁
四番留肥し	干鰯3斗＋下肥し		15匁
○水取取り用			銀20匁
○藍にかかる一切の税			銀19匁5分2厘
○藍搗き賃、砂代、巻莚・巻縄代、巻賃			銀5匁
○肥料代前借利息銀			銀1匁7厘

[注] 収入には他に藍ごみ代銀8～9匁、藍柄の灰代銀5匁などがある。前者は藍こなし人夫賃に充当される

余は銀86匁6分(A)、最も多いときは27匁7分7厘(B)と、その差はきわめて大きい。施肥量によって葉藍収穫高が違ってくると思われるので一概に言えないが、収入に対して干鰯代銀の占める割合があまりにも高い(前者44%、後者67%)。それゆえ、干鰯の施肥量によって剰余は大きく左右される。原著者が計上している一番少ない肥料代銀101匁でさえ、収入の40%も占めるのである。

ところで、米や麦は、反当たりでどれほどの剰余が得られたのであろうか。1858(安政5)年の「地主手作之仕法」「同麦作法算立」という史料から(戸谷敏之『近世農業経営史論』)、水稲、麦の収支計算をすると表11のようになる(支出項目から地役と馬飼料は除いた)。すなわち、水田1反歩からの剰余は銀78匁7分1厘、麦畑1反歩からの剰余は銀21匁2分5厘となる。1789(寛政元)年に比べ、安政5年は貨幣価値が下がっているので、米価を基準に寛政元年時の銀価に換算すると(安政5年の「地主手作之仕法」では米1石＝銀85匁、寛政元年は米1石＝銀59・5匁として計算)、米作はおよそ銀55匁1分となり、麦作はおよそ14匁8分8厘となる。

これを見ると、『藍作始終略書』の著者が計上した藍作の剰余銀93匁4分1厘は断然多いことがわかる。

戸谷敏之氏は、反当り葉藍収量50貫の場合は、売上高銀390匁で、これから肥料代銀100匁と諸造用銀40匁を引き去る

表9　施肥量とその代銀

施肥の種類	干鰯の量	肥料代銀
	斗	匁
苗床肥し	0.35～1	1.75～5
下 肥 し		1
付 肥 し	3～5	15～25
二番肥し	6～9	30～45
三番肥し	10～15	50～75
留 肥 し	3～4	15～20
合　計	22.35～34	112.75～171

表10　施肥量の多少による反当収支計算

	肥料代銀	利息(1%)	水取日用賃銀など	藍こなし人夫賃	支出計	収入	剰余
	匁	匁	匁	匁	匁	匁	匁
A	112.75	1.13	44.52	8.5	166.90	253.5	86.60
B	171	1.71	44.52	8.5	225.73	253.5	27.77
平均	141.875	1.42	44.52	8.5	196.315	253.5	57.185

[注]収入は、藍玉代銀240匁に藍ごみ代銀8.5匁、藍柄の灰代銀5匁を加算した

表11　米麦の反当収支計算

水稲

(収入)
米1石6斗(銀136匁)
(支出)
年貢　米2斗7升4合(銀23.29匁)
肥料代　銀34匁

(残)
銀　78.71匁→銀55.1匁＊

麦

(収入)
麦1石3斗(銀65匁)
(支出)
年貢　麦1斗9升5合(銀9.75匁)
肥料代　銀34匁

(残)
銀　21.25匁→銀14.88匁＊

[注]安政5年(1858)「地主手作之仕法」「同麦作法算立」より作成
＊寛政元年の銀価に換算

と、純収入銀250匁が得られる、葉藍37貫の場合は銀148匁6分、葉藍33貫の場合は銀117匁4分の純収入であると計算している(戸谷、前掲書)。また、大槻弘氏は戸谷氏の計算を修正し、葉藍40貫で銀312匁の収入、これから肥料代銀100匁と諸造用銀40匁、さらに貢租37匁8分を差し引いて、銀134匁2分の剰余が得られるが、「葉藍収穫高の4歩、すなわち124匁8分が徴収されるため、剰余は9匁4分に激減し、劣悪な収支状態となる」と述べる(大槻、前掲論文)。しかし大槻氏のこの理解は、次の2点で誤りである。一つは、「葉藍収穫高の4歩」でなく、葉藍取引の際に、藍作人と藍師の双方から2歩ずつ徴収した葉藍取引税としての4歩である。もう一つは、4歩＝40％でなく4％であり、藍作人から徴収されるのはその半分の2％である。

施肥量を平均した場合の藍作剰余は銀57匁余であり、米作の剰余銀55匁余とあまり変わらないものが見込まれる。最も多く施肥して葉藍収量が変わらない場合でも、藍作の剰余は銀27匁7分7厘であり、麦作の剰余銀15匁弱の倍近い(表10、11参照)。また、藍の前作として麦、後作として大豆・粟・稗などがつくられたから、豊作時の藍畑からの収益は相当なものであったと考えられる。

以上のことから、藍作から見込まれる剰余は、米作と同等またはそれ以上であることが判明する。水稲作ができない畑地においては、麦作以外の作物の剰余の程度はわからないが、藍作からの剰余が群を抜いていたことは容易に推測できる。ただ、米作・麦作の収支計算がおよそ10年間の平均であるのに対し(「米石ニ付拾ヶ年平均八十五匁替」とある)、藍作の場合は豊作時を想定したものであるという違いがある。

ところで、米作・麦作の場合の肥料代がともに銀34匁であるのに対し、藍作の場合は銀100匁を超え、3倍以上の肥料代を必要とした点が注目される。それゆえ、『藍作始終略書』の中で著者が再三指摘しているように、豊作の年は稀なうえ、多額の肥料代を前借りしているので、もしも凶作になると藍作農家の被害は甚大となり、所有田畑を質入れ・売却せざるを得ない危険性を、藍作が多分に有していたことは容易に推察できる。

〈藍砂について〉

「藍砂は焼を防ぎ色沢を良くする」(西野『阿波藍沿革史』)とか「砂入れ候ニ而藍やけ不申、関東関西迄も海陸幾百里に而其上に日数を籠申事も痛無之候」(『御大典記念阿波藩民政資料』下巻)という理由で、藍砂混和は1644〜48年(正保年間)ごろから始められ、1887(明治20)年に至るまで続けられた(混和量は一般的には2〜3割であった)。その間、混和量が多過ぎて、1673(寛文13)年には「大坂へ登候藍玉、土砂大分入、染色悪敷」(西野『阿波藍沿革史』)と、大坂藍問屋仲買から大坂町奉行所に訴えられて禁止されたり、1734(享保19)年には「阿州より積下り候藍玉之儀、百目之内へ砂七十目程入候」(西野、前掲書)と、江戸でも問題になったりしたこともあった。

ところで『藍作始終略書』には、藍砂に関して注目すべき記述がある。「藍玉ニ砂ヲ用ル儀　是ハ第一目方之強ミ」と、藍玉に砂を入れるのは藍玉の重さを増やすためであると端的な指摘がされていることである。なぜ、砂を入れて藍玉を重くするのか。藍裁判役が1772(安永元)年に書いた藍砂の採取・販売の意見書の中に、「(根井砂〈小松島浦の根井や弁天の沖砂をいう〉)は外砂(津田川口で採取された砂)よりハ格別細ク色青ク御座候ニ付、藍玉ニ入レ目立不申故、藍壱俵ニ外砂壱斗入候ハヽ、根井砂ハ壱斗二三升候而モ、藍玉之手さわり又者見付同断ニ御座候。依之根井砂を用候ヘハ、藍師とも勝手成申義ニ御座候」(西野、前掲書)とある。つまり、「根井砂」は藍玉に入れても目立たないので、藍師も藍砂を多量に混和しやすいと、藩と藍師が共謀して多量の砂で藍玉の量と重さを増やし、より高い利益を得るために腐心しているようすがうかがえる。その後、1798(寛政10)年に藍砂の専売制がしかれ、この「根井砂」は1石が銀2匁3分で売買された。そうして、藩は「砂増し」の藍玉からだけでなく、砂そのものからも利益をあげるようになったのである。

(『日本農書全集』第30巻「藍作始終略書」解題に加筆して転載)

(宇山孝人)

阿波の蒅《すくも》づくり（絵:城芽ハヤト）

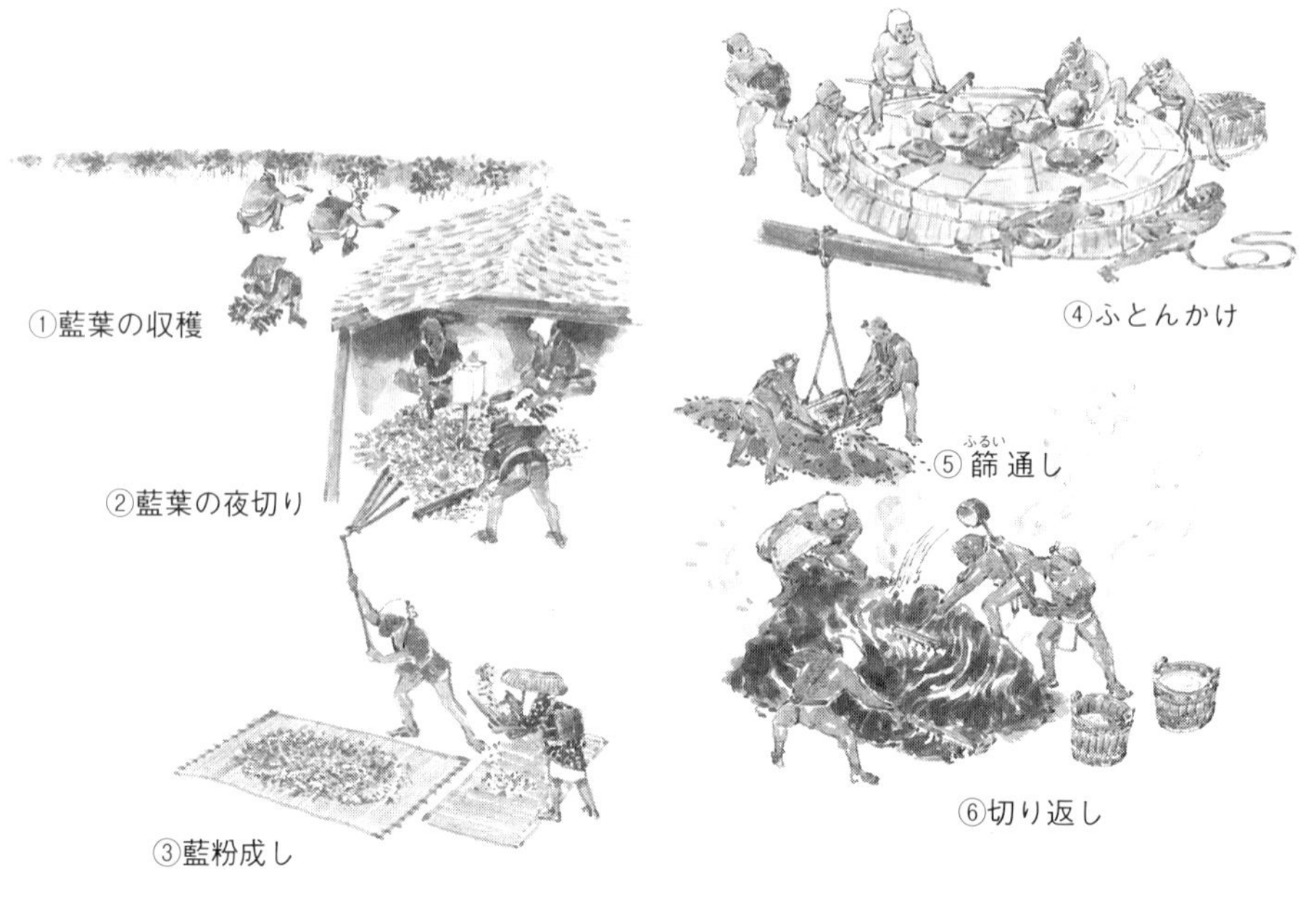

3章

栽培と利用

アイを栽培する——徳島県での場合

●タデアイの栽培適地、病虫害、栽培について

1年1作し、栽培には保水力の高い肥沃な土壌が適する。タデアイは病虫害に強く、虫害を受けても完全枯死することは少ない。栽培初期に問題となるアブラムシや、後半に発生するハスモンヨトウには登録農薬があり、防除可能である。また病害が発生することはほとんどなく、栽培上有利な点であるといえる。しかし乾燥には弱いため、葉が萎れるような場合には、畝間に水を入れて灌水するなどの対策が必要である。以下に徳島県で行なわれている栽培方法の一例を述べる。

●育苗および本圃での管理

◎育苗

育苗には地床育苗とセル育苗がある。地床育苗では、3月上旬～4月中旬に播種し、約50日経過して本葉7、8枚の苗を定植する。セル育苗では、200あるいは220穴のセルトレイに1穴当たり各3～5粒播種し、約40日経過して本葉4、5枚の苗を移植機で定植する。

◎定植と中耕培土

本圃の栽培管理は地床育苗、セル育苗に共通であり、定植時期は4月中旬～5月下旬である。栽植様式は、条間80㎝、株間30～40㎝の1条植が一般的である。中耕培土によって次第に畝ができるので、始めは畝をつくらず、平らな状態で定植するとよい。タデアイ栽培における中耕培土は除草効果だけでなく、株元に土を被せることによって茎の下位節から発根させ、生育を促進する目的もある。さらに現代においては機械収穫を容易にするために、株が必要以上に広がらないようコントロールする意味合いもあると思われる。

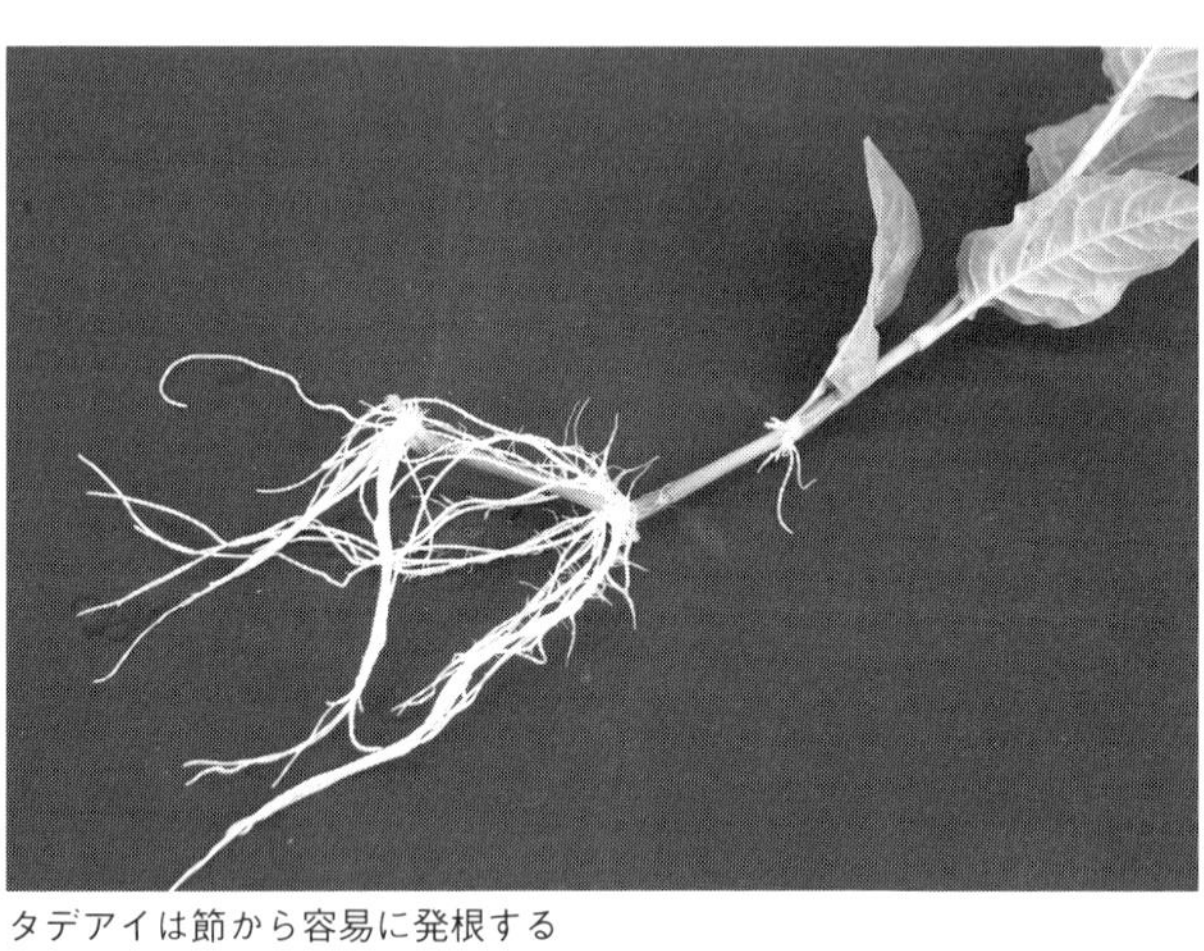
タデアイは節から容易に発根する

タデアイは茎にある節から容易に発根する性質がある。この性質は後述する品種保存や育種作業などでは非常に便利であるが、栽培管理においてはやや注意が必要である。もし匍匐性(地面を這う性質)が特に強い小上粉のような品種を中耕培土なし

表1　徳島県の藍の慣行栽培における施肥の時期と量

	施肥時期	施肥量(kg/10a)		
		N	P_2O_5	K_2O
元肥	定植前	10	10	10
追肥	定植30日後	15	15	15
	一番刈10日前	10	―	―
	一番刈7日後	10	10	10
	二番刈10日前	10	―	―

注）阿波藍栽培基準（徳島県ふるさと農産物振興協会作成）より抜粋

に栽培した場合、条間に伸びて根付いた茎が絡み合い、作業効率が大きく落ちるだろう。

◎施肥管理

土づくりは堆肥などの資材を土壌の肥沃度に応じて適宜施用する。肥培管理は窒素を重点的に施用し、追肥と同時に中耕培土を行なう場合が多いが、畝間に施肥するだけでも十分効果がある。施肥管理の一例を表1に示す。肥料切れを起こすと品質・収量が落ちるので注意する。

◎まずは化学肥料で確実に

藍染めやタデアイに関心をもつ人々は、天然染料へのこだわりが強いためか、化学肥料よりも堆肥、有機質肥料を中心にした栽培にいきなりチャレンジすることが多い。しかし筆者としては、初めての場合、化学肥料を用いた栽培をお勧めする。タデアイは栽培に多くの肥料が必要であり、追肥しやすく肥効がシャープな化学肥料が適していると考えられるためである。まずは1作、確実に栽培することをお勧めする。

◎雑草は発生初期に中耕で防除

雑草は発生初期に中耕で防除するのが基本である。しかしそれだけでは不十分な時があり、その場合は三角ホーなどで手取りすることになる。夏期の除草作業は労力を要するが、重要度の高い作業である。また、一年生イネ科雑草に有効な除草剤が登録されており、適期に利用するのもよい。多くの事例を見てきたが、タデアイ栽培に初めてチャレンジするような場合、最も注意が必要なのは雑草対策である。タデアイ自体は栽培しやすい植物である、しかし雑草生育期に1週間も除草しないと、圃場はあっという間に雑草が繁茂し、手がつけられなくなってしまう。タデアイの葉で畝間が覆われるまでの間、油断は禁物である。

雑草対策が遅れ、さらに十分な肥料分が確保できずに生育が停滞していると、雑草に覆われて何処にタデアイが植わっているのかわからない、といった状態になってしまう可能性が高い。肥料の心配などせず、雑草対策に集中したいところである。

●収穫

◎1作で2〜3回、開花期前に

タデアイは開花期には色素含有量が低下するため、それまでに収穫する。品種により異なるが一般的な開花期は9月中旬以降である。タデアイは再生力が強く、収穫は、刈り取り↓再生を繰り返し、1作で2〜3回行なう。早い作型では、一番刈りを6月中旬、二番刈りを7月下旬、三番刈りを9月上旬に収穫する。収穫時期の草丈は、50～60㎝程度である。

収穫は旧式のレシプロ（ピストンエンジン）式刈り葉のビーンハーベスターを使って、株元を少し残して刈り取る。この機械は自走式で、刈り取ったものがベルトで持ちあげられ、手元にストックされる機構が付属している。一定量ストックされた茎葉は畝間に落とされ、ロープなどでまとめて圃場外へ搬出する。だが、この機械は旧式のため、中古品の流通が少なく、交換部品も不足しているという問題を抱えている。そこで当センターでは市販品を組み合わせたタデアイ収穫機を開発しており、すでに市販化されている。

レシプロ（ピストンエンジン）式ビーンハーベスターによる収穫

エンジン式ブロワーとヘッジトリマーからなるタデアイ収穫機。市販もされている

◎タデアイ収穫機と改良レーキによる集草

エンジン式ブロワー（送風機）の風をアイに当てて後方に押し倒したところを、ヘッジトリマー（剪定バリカン）で畝上に刈り倒すようになっている。ただしこの機械は手押し式であり、畝上に刈り倒すための機械である。前述のビーンハーベスターのような集草機構は備えていない。

刈り倒した後、茎葉を直接手で集めるのは重労働である。そのためレーキを加工し、歯を少なくしたもので茎葉をかき集めた後、手作業で圃場外に搬出している。わざわざレーキを加工する理由は、そのままだと刈り株に引っかかってしまい、うまくレーキが動かせないためである。写真のように歯を減らせば、驚くほど使いやすくなる。

改造型のレーキ。刈り倒したアイの茎葉をかき集める道具。歯を減らして株への引っかかりをなくした

●乾燥調製

◎茎葉の裁断と分別

前述したように、インディゴの前駆物質であるインディカンは葉のみに含まれるた

め、蒅《すくも》をつくる場合には葉と茎を分別する作業が行なわれている。収穫後の茎葉を裁断機で5㎝程度に刻み、大型の扇風機により葉と茎とに分ける方法が主流である。この方法では裁断機と大型扇風機、扇風機で茎葉を吹き飛ばすための広い場所が必要となる。

なお『阿波藍絵巻図録　藍農工作之風景略図』(四国大学新あわ学研究所)をみると、扇風機がない時代には、収穫後に手作業で茎葉を刻み、乾燥させた後に箕を使って選別していたようである。このことからわかるように、扇風機や選別するための広い場所がなくとも、収穫した後、そのまま乾燥させ、竿で叩くなどして選別することもできる。ただしこの方法は労力が掛かり、大量の選別には向いていない。

また、乾燥させるための広い場所はどうしても必要になる。乾燥葉の収量は年次変動が大きいが、一番、二番合わせて10a当たり350～500kg程度である。

◎作付け拡大は乾燥調整作業の改善が課題

藍の栽培面積が伸びない大きな原因の一つは、この乾燥調整作業にあると考えている。蒅にするためには葉と茎を選別することが必須とされており、避けられない作業となっている。また梅雨明けの高温時の作業のため、労働負荷も高い。いくら栽培自体が容易でも、二の足を踏んでしまう場合も多いだろう。この乾燥調整部分の改良が、今後のタデアイ栽培振興における重要な要素であると思われる。

●採種

翌年分の種は収穫後に再生、開花、結実したものを利用するが、訪花昆虫により容易に交雑するため、異品種を近くで栽培することは避けたほうがよい。もしも形質が異なる個体を見つけた場合、その株からは採種しないほうがよいだろう。一番わかりやすいのは開花期の違いである。タデアイは開花期にはインディカン含有量が低下するため、開花期が早いことはマイナス要因である。このような個体を見つけた場合、引き抜いて処分すればよい。

地上部が枯死し始めるころに穂を刈り集めて乾燥させた後、竿で叩くなどして脱粒し、唐箕や篩などで選り分ける。種子はがく(花びらのように見える)を被った状態でも特に問題はない。5℃程度の冷蔵庫で保管すれば、数年は利用できる。

〈種子の入手方法〉

タデアイ種子は販売されているものや、いくつかある配布活動を行なっている機関からも入手可能である。インターネットで検索すればすぐに見つけられる。なお、筆者の所属する徳島県立農林水産総合技術支援センターでは、種子の配布活動は基本的に行なっていない。

(吉原　均)

藍染めの染色方法——原理とつくり方、留意点

●藍染めの種類

藍染めには、生葉染め、煮出し染め、蒅《すくも》の発酵建て、沈殿藍の発酵建て、沈殿藍のブドウ糖還元建てなどがある。生葉染め、煮出し染めは絹ではよく染まるが、木綿、麻ではよく染まらない。そこで、蒅や沈殿藍を使った発酵建てによる藍染めにすれば、絹、木綿、麻ともよく染まる。このように同じ藍を使っていても、染まり具合が変わってしまう。その理由は、染色の原理が異なるからである。

また、ウールの場合は、薄い青の浅葱《あさぎ》、浅縹《あさはなだ》色であれば、生葉染め、煮出し染めでも染まるのだが、藍発酵建てによるウール染めは発酵温度が約25℃なので、温度が低くてよく染まらない。発酵建てではない還元糖（ブドウ糖、果糖、麦芽糖など）を利用した藍染めは、高い温度で染色できるので、ウール染めに適している。この方法は絹、木綿、麻もよく染まる。

●生葉のたたき染め

生葉を布の上に置き、木槌などでたたいて染める方法。生葉をたたいて布を染めるので、絹だけではなく、木綿、麻にも染まる。同様な方法として、日本で古くから行なわれていたヤマアイの青摺（型を使って文様を摺り染める）による染めがある。ヤマアイにはインディゴ（藍）とは異なる青い色素が含まれてい

ポット植えのタデアイ（写真：倉持正実、以下同じ）

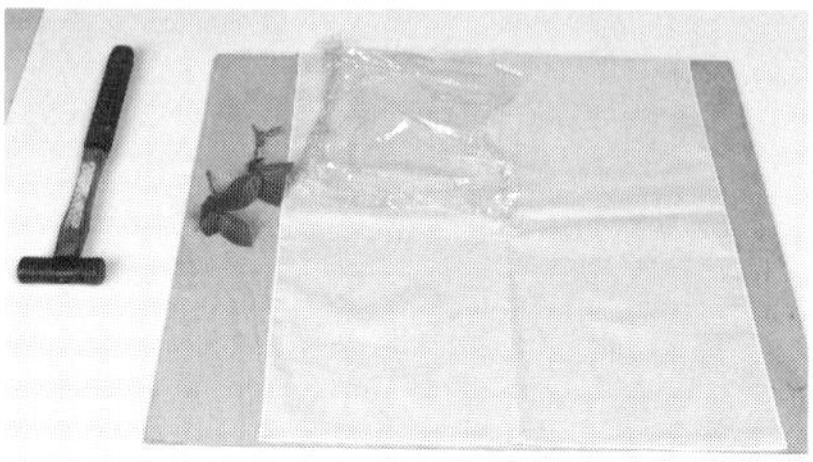
必要なもの。金鎚、布（木綿、麻）、ラップフィルム、アイ生葉

葉を並べてレイアウトする

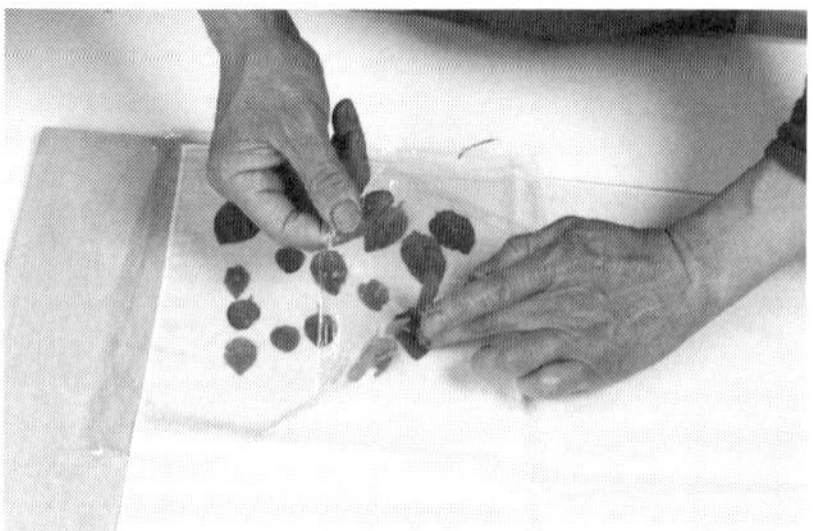
ラップをかける

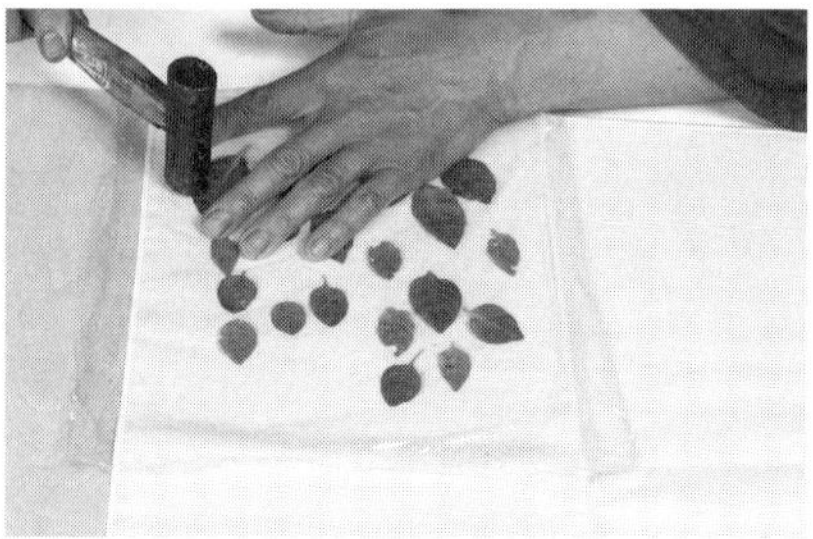
金鎚でたたく

るので、たたき染めすると緑色に染まる。

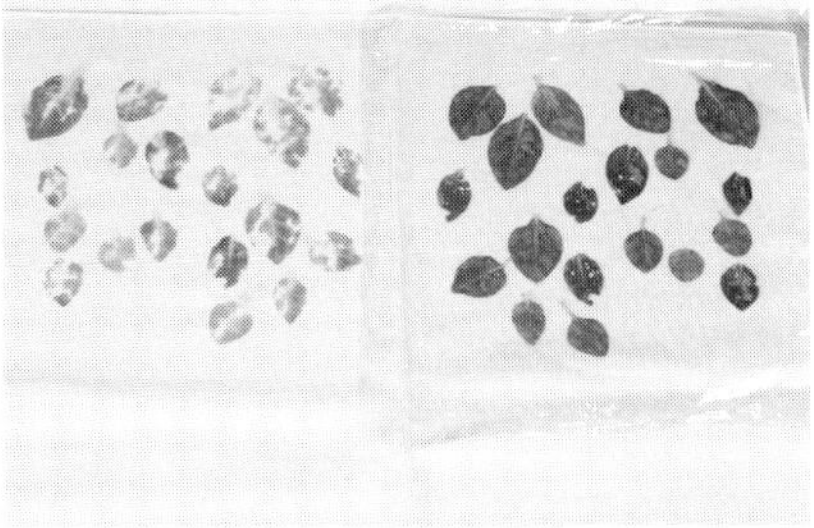
染め上がった布。右は、はがしたラップと生葉

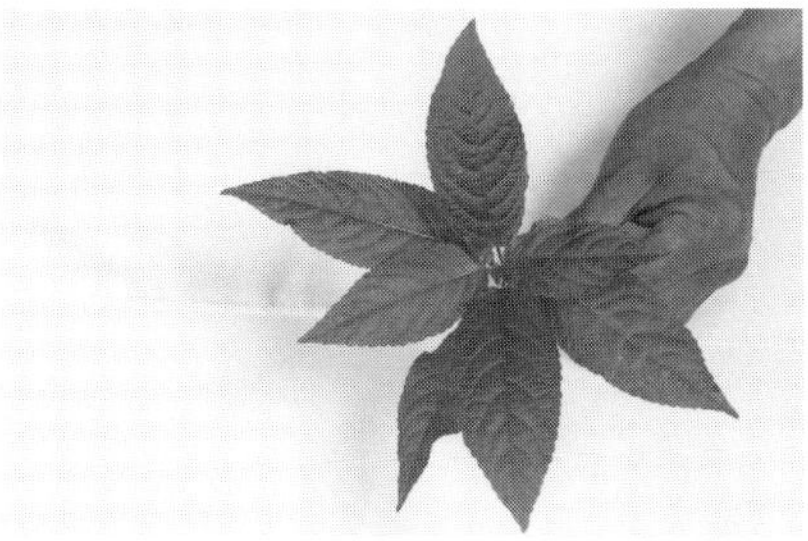
ヤマアイの葉

●生葉染め

◇生葉染めの原理

生葉染めは、生葉を染料として染色する方法である。生葉をジュースにして染料液にし、すぐにそのまま染色する。原理的には葉に含まれる無色の成分(インディカン)と酵素がミキサー処理によって混ざり、反応して無色の成分(インドキシル)となり、繊維に染着し、さらに繊維内で2個のインドキシルが結合。その後に酸化してインディゴになり、青く染まるということである。

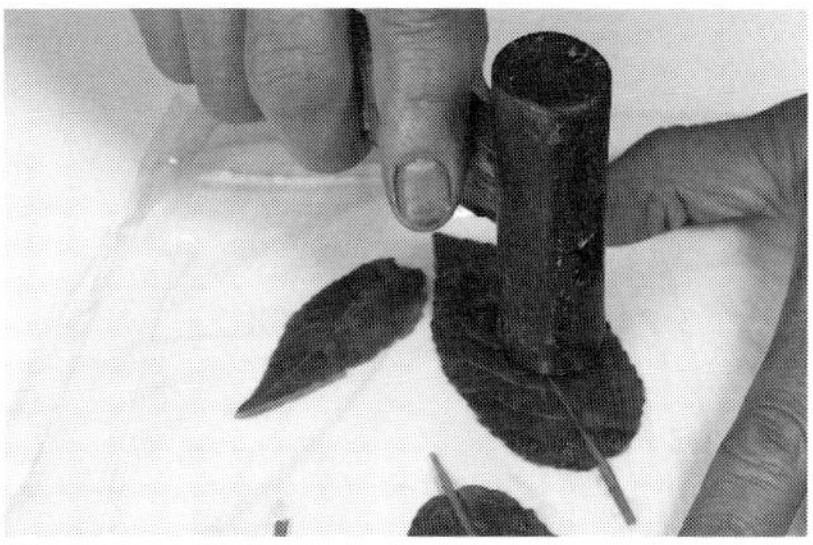
葉の輪郭や葉脈がよく出るようにたたく

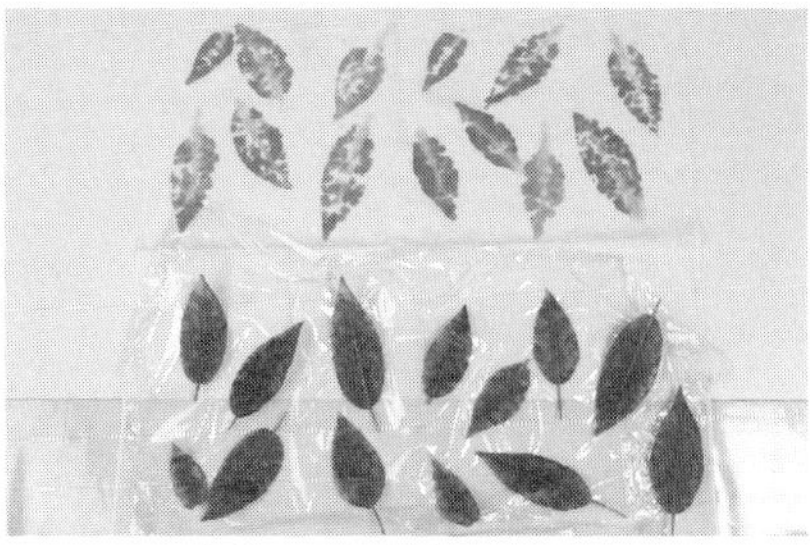
ヤマアイの生葉のたたき染め

ヤマアイのたたき染めの仕上がり

◇染料液の抽出と染色

水を加えたミキサーに摘みたての生葉を入れ、約1分間処理して染料液を布で濾し、青汁ジュースのような生葉の染料液に布を約15分間浸して染色、水洗、乾燥する。

①布の前処理:中性洗剤を入れた湯に10分浸し、水を換えてよく水洗いする(写真:小倉隆人、以下同じ)

②藍の生葉:絹布(20g)の3〜5倍。60〜100gの生葉を摘む

③生葉をジューサーにかける:1〜2回に分けて、1分間ミキサー処理

④布で濾す：細かい布で濾す

⑤浸し染め（15分）：染料液に絹布を入れて、よく動かし15分間浸し染め

⑥色が青くなる：15分浸し染めすると青く染まる

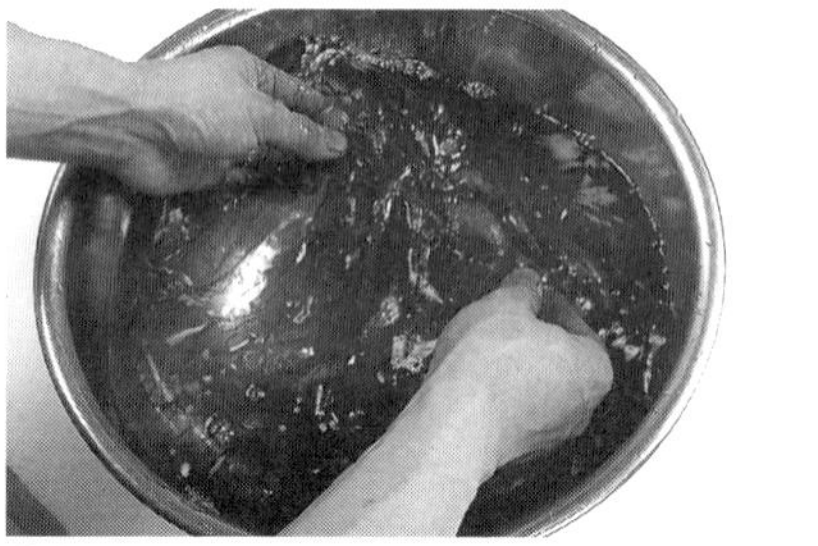

⑦水洗いする：4回ほど水を換えて、よく洗う

⑧タオルに巻く：タオルに巻いて脱水

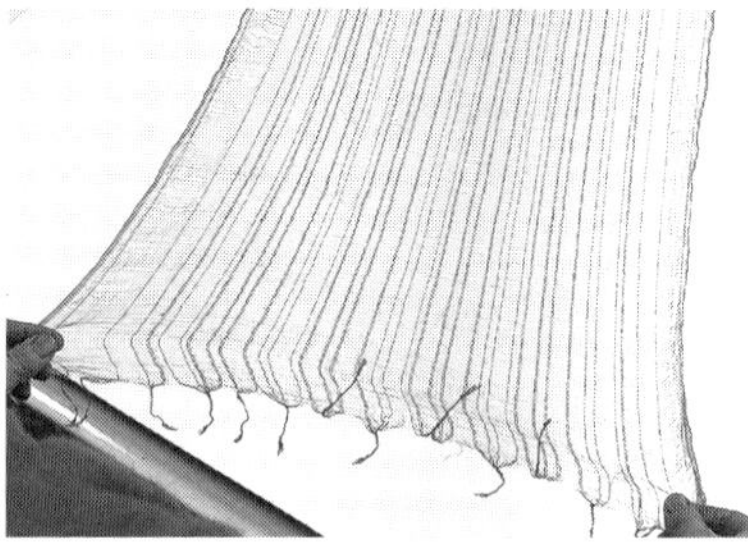

⑨乾燥させる：できるだけ早く乾燥（天日干し）

◇生葉染めの特性と作業の留意点

植物性の繊維（セルロース）には、ほとんど染まらないので染める素材は絹、ウールが適している。インディカンがインドキシルになり、インディゴ（青色）になる時間は約20分なので、鮮やかな色を染めるには、手早くミキサー処理（5分以内）して染料を抽出、15分で染色を終わり、できるだけ早く、天日干しすることが澄んだ色を染めるためには重要。染色は晴れた日に行なうとよい。家庭用ミキサーの場合、生葉を5分以内に処理できる最大量は約１００g、絹布（20～30g）が染められる。

●煮出し染め

◇染料液に酵素を添加し染色

煮出し染めとは、生葉染めの原理を応用して、生葉を煮出して染料液を抽出し、染料液を約40℃まで冷ましてから生葉ジュース（酵素）を加えて染める方法である。

◇煮出し染めの原理

煮出した液を40℃まで冷ましたあと、生葉をミキサー処理した液（酵素液）を添加するとインディカンが酵素と反応してインドキシルになり、繊維に染み込み、繊維内で2個のインドキシルが結合して酸化しインディゴになるので、青く染色することができる。

煮出し染めは、生葉染めと同じだが、生葉に熱をかけて煮出していることが異なる。生葉を煮出すと、インディカンは抽出されるが、一方で熱が加わるので酵素が働かなくなり、そのままではインドキシルにならない。そこで、新たに酵素を加える必要がある。この酵素は生葉に含まれるので、生葉染めと同様に生葉をミキサー処理し酵素を抽出して加えることになる。

◇染料液の抽出と染色

青菜をおひたしにするのと同様に熱湯の中に生葉を入れ、沸騰後約5分煮て藍の葉を取り出す。おひたしでは青菜を食べるので、煮出した汁は捨てるが、この煮出し染めではこの煮汁が重要。生葉に含まれるインディゴの前駆体であるインディカンは、水に溶けやすく熱湯で煮ると抽出され、この煮汁に含まれているからである。

必要な酵素の量は、煮出した生葉の重さの10分の1（10％）あれば、反応する。

なお、煮出した液（インディカン抽出液）と酵素液（生葉ジュース液）は冷蔵庫に保存すれば1週間程度は使用できる。また、冷凍保存すると長期保存ができ、解凍して染色できる。

◇煮出し染めの特徴と留意点―大きな布や濃い青も染められる

生葉煮出し染は、生葉をそのままミキサー処理するよりも多くの量のインディカンを抽出できる。1kgの生葉の場合は、湯20ℓで抽出する。この抽出量で、浅縹色を染める場合は、布200～300gを染めることができる。布20gを深縹色に染めるときは、生葉500g（布の重さの25倍）を煮出して染色する。

煮出し染は、酵素を添加したときが染色開始時間となるので、抽出後に余裕を持って染色できる。染色時間は約30分で生葉染めよりも長くなり、染色中に染料液に酸素を入れるとよい。こ

①染料の抽出。40ｇの絹布の10倍の生葉400ｇを用意し、二等分して200ｇずつを熱湯4ℓに入れて沸騰後5分間煮出す

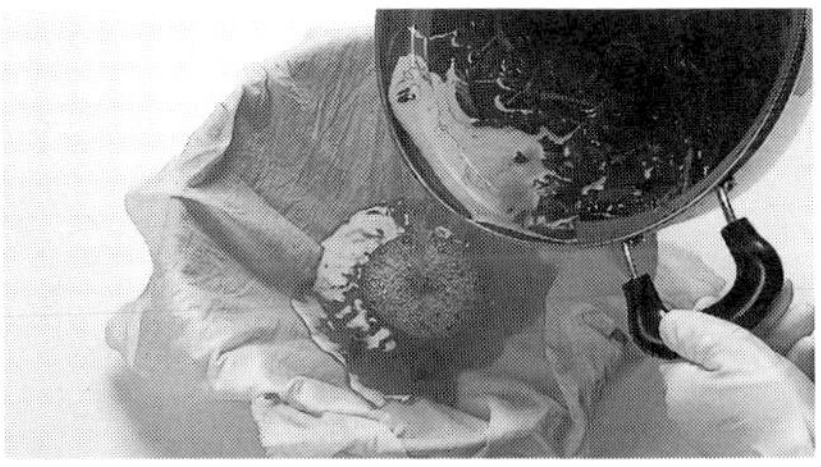
②染料を濾す。残り200ｇの生葉も同様に煮出し、一緒にして40℃まで冷まし、布で濾して染料液とする

③酵素液をつくる。別に40ｇの生葉をミキサー処理し、布で濾して酵素液をつくる。これはあらかじめつくっておいてもよい

④浸し染め（30分）。染料液に酵素液を入れてよくかき混ぜ、絹布を30分間浸し染する。酸素が入るように、染料をよく混ぜながら布もよく動かす

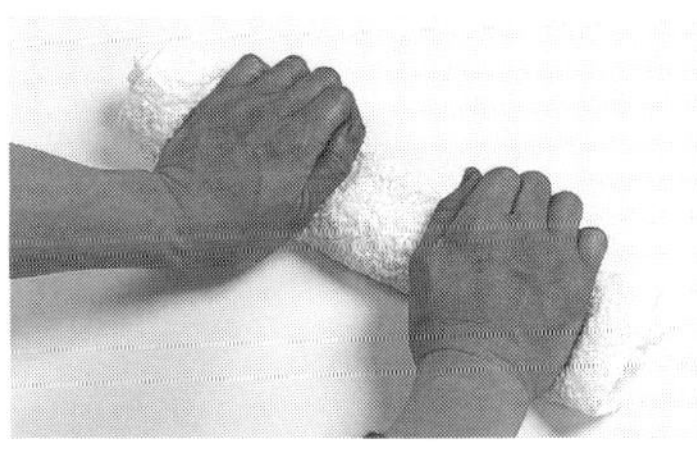
⑤水洗い、脱水、乾燥。水を4回換えて水洗いし、タオルに巻いて脱水し、できるだけ早く天日干しして乾燥させる

のため、布を染料液の外に出し、染料液をよくかき混ぜながら染色すること。ただし、煮出し染は生葉を煮出すので、茶みの成分も多くなることから、薄い色は生葉染めよりも鮮やかさにかける。

●蒅《すくも》による発酵建て

◇古文献にみる藍栽培と蒅づくり

夏に収穫して乾燥した葉を葉藍という。この葉藍に適度の水をかけ、秋から冬にかけて約3か月かけ発酵させたものが蒅である。現在、徳島県内で行なっている方法と多少異なる部分があるが、「三木文庫」が長谷川定信に頼んで制作した『藍作及び製藍図絵』を参考に、江戸、明治時代の藍の栽培、蒅づくりの方法を紹介する。

◎藍の栽培

【播種】

藍種子は微粒だから、苗床は必ず細土で、しかも深さが必要となる。苗床の幅は180〜270㎝、長さは適宜。まんべんなく種を蒔く。播種期は節分前後(現在は3月上旬頃)。

【苗床の間引き】

苗床は防風のため葭簀《よしず》などで西、北を囲う。

発芽すると畝の間に枕木を置き、梯子を載せ、板とワラを載せ、座って間引き、除草する。

【苗床の害虫駆除】

毎朝、まだ夜露の乾かないうちに、苗の上に筵《むしろ》を掛けると、虫は筵につくので桶中に払い落として駆除する。

【苗床から採苗】

苗床に散水して土壌をやわらげ、苗を取る。

【本畑への移植】

前作してある麦の間に、苗10本を76㎝間隔で植え(現在は苗500本を30㎝間隔)、土で覆い、足で踏みつけてから肥料を施す(太陽の直射や強風から苗を守るため麦の間に植える)。

【前作麦の刈り取り、藍畑の根寄せ】

麦が熟したら刈り取る。麦の株根を掻き返し、土を細かくして根に寄せる。

【灌水、施肥】

水路、井戸から灌水する。明治初期のころの肥料は、関東の干鰯、鱒を上品とし、油粕、五島産の干鰯・鮪粕、北海道産のコマエ粕を次とし、鰊《にしん》を下品とした。施肥にあたり堆肥と混ぜて施した。

【害虫駆除】

箒で箕《み》に掃きこみ、集めて土に埋め、もしくは焼き捨てる。

【藍葉の収穫、藍葉の夜切り】

開花直前、当日の午後から、鎌で刈り取り、納屋に運び入れる。刈り取った藍葉はその夜のうちに、鉈《なた》で1・5㎝ぐらいに切る。後に押切を使用。押切には2丁切と3丁切があった(現在は藍葉を機械で1・5㎝に刻んでいる)。

◎藍粉成し

刻まれた藍は、翌朝筵に広げて乾燥、この間に連枷《からさお》打ち、藍《あい》摺《すり》、箒による反転、風やりなどが行なわれる。よく乾燥して葉と茎を分ける(現在は大型扇風機で吹き飛ばし、乾燥させた葉と茎を分けている)。

【葉藍の俵詰め】

乾燥した藍はこれを葉藍と呼び、上部を鱗《うろこ》、中部を胴《どう》、下部を元葉《もとは》といい、それぞれ俵に詰める(現在は区別していない)。

◎蒅づくり

【葉藍の寝せ込み】

9月上旬、葉藍を寝床《ねとこ》に山積みにし、水をかけて発酵させる。4～5日で発酵し、アンモニア臭をともない70℃ほどの高温になる。

寝床とは藍を発酵させるために工夫された独特の建物で、保温と水はけをよくするため、床は深く掘り、砂利、砂、もみがらを敷き、粘土で搗《つ》き固められている。

【篩通しと切り返し】

まんべんなく発酵させるために篩《ふるい》通しして、切り返しをする。切り返しとは5日ほどの間隔で葉藍を移動させながら混ぜ返し、水打ちをする作業のことで、高温とアンモニア臭の中での重労働となる。この切り返しを年末まで(約3か月)行なうと温度も下がり、蒅が完成する。

◇藍染料——蒅の発酵建て

【蒅の発酵建ての原理】

生葉にはインディカンが含まれ、これを乾燥させる過程でインディカンがインドキシルとなり、これが酸化してインディゴとなるので、乾燥した藍の葉(葉藍)の色はくすんだ紺色をしている。この葉藍に水をかけて腐葉土のように発酵させると蒅になる。蒅に含まれるのは水に不溶のインディゴ(青色)であるが、アルカリ性の状態におくことで、微生物(還元菌)の働きで還元され、還元型インディゴ(黄色の液体)になり、染めることができる。このインディゴが酸素に触れて酸化することで藍色に発色するのである。

つまり、藍の色素インディゴによる染色は、インディゴ→還元→還元型インディゴ→酸化→インディゴという過程を経て藍色に染まることになる(92頁参照)。

【藍建て】

藍色の色素であるインディゴの特徴を踏まえて染色する方法が生み出された。それが「藍建て」である。甕の中に蒅、木灰《もっかい》、石灰、ふすまなどを加えて毎日かき混ぜて、温度を管理しながら約1週間かけて発酵させ、染まるようにする。これが藍建てである。藍建てには、蒅を使って行なう場合と、沈殿藍を使って行なう場合がある。

【微生物の力で藍を建てる】

藍建ては発酵であり、糠漬けと同じように微生物の力を借りて、はじめてあのきれいな青を染めることができる。また、藍が染まるようになっても、微生物の生育が悪くならないように甕に入った藍(蒅や沈殿藍)を撹拌することや甕の中のpHを管理することが大切である。状態が悪くなった藍甕を再び染めに使えるように直すのは大変難しい。

藍を仕込んだ時、藍の液面の色は茶色だが、約4日で赤紫味を帯び、藍独特の香りがする。撹拌すると小さな藍色の泡が中央に残りかたまりをつくるが、これを「藍の華」という。「藍の華」は発酵が進むと、日ごとに大きくなるものである。仕込んでから約7日で、甕に布をつければ染められる染液ができる。染液の表面を切るようにごく静かに(たとえば1円玉を浮かべて置いてこれが沈まないくらいの仕方で)布を甕に入れ、空気に触れないようにゆっくりと動かす。布をしぼり、水に浸し、広げてさばき、風を通すとだんだんと青くなってくる。(口絵2頁参照)

【微生物の生育条件――温度、pH、栄養源、撹拌】

「発酵建ては難しく、素人には無理」とよくいわれているが、その理由は、微生物の生育条件がわかりにくいことと、いろいろな建て方があるので混乱してしまうからだ。

微生物の生育条件は、主に①温度、②pH、③栄養源、④撹拌の4つである。

藍を建てる時期は、6月下旬～9月下旬がよく、直射日光が当たらない、風通りのよい木陰や下屋に容器(瓶など)を置けば、温度管理はいらない。pHは10・5～10・8を維持する。仕込みに木灰を使い、微生物の生育とともにpHが下がるので、消石灰でpHを上げて管理する。栄養源は蒅に多く含まれるので、瓶を使い込むまでは添加しなくてもよい。染色を繰り返して、藍の発酵の勢いがなくなった時にフスマや酒を入れる。撹拌は毎日1回で、夕方かき回す。瓶底の蒅が瓶全体に巻き上がるように20～30回かき混ぜる。

【木灰発酵建ての方法】

•器具、材料

容器約15ℓ容器(ポリバケツなど)／蒅2kg／熱湯30ℓ／木灰600～1000g／撹拌する棒／pHメーター

藍建てを始めるときに助けてくれるのがpHメーターであり、市販されている。pH試験紙ではわからない0・2の差が測定できる。ポリバケツは、その直径よりも高さが長く、縦に細長いバケツがよい(液面酸化を防ぐため)。

•手順

蒅2kg、木灰600～1000g(蒅の30～50%)を容器に入れ、熱湯(80～90℃)30ℓを加えてよく撹拌して仕込む。木灰は灰汁にしないで直接容器に入れて仕込む。木灰の種類、状態によりpHの強さは異なるので、事前予備試験として、蒅10g、木灰3g、熱湯100mℓに入れ、30℃まで冷ましてからpHを測り、木灰の量を加減する。仕込み時のpHは、低めの10～10・5でよい。

翌日、液温が室温と同じになった時、藍をかき混ぜてからpHを測り、10・5以下の場合は、消石灰を少し加え、pHを10・5～10・8に調整する。この時、pH11・5以上になると発酵が進まないので、消石灰を入れすぎないように注意することが重要。ホームセンターなどで購入できる園芸用の消石灰の場合、pH10・3のときは消石灰15mℓ(7～8g)を加えてpHを10・5～10・8にする。その後、毎日かき混ぜると3～4日ぐらいで藍が建ち、1週間後には撹拌す

■木灰発酵建てで染める

①染料液をつくる。45ℓ容器、蒅2kg、蒅の30～50%相当の木灰600～1000gを入れる

②80～90℃の熱湯30ℓを加えてよく混ぜて、30℃まで冷ます。染料液を小皿に取り、pHを測定する。10～10.5でよい

③消石灰でpH調整

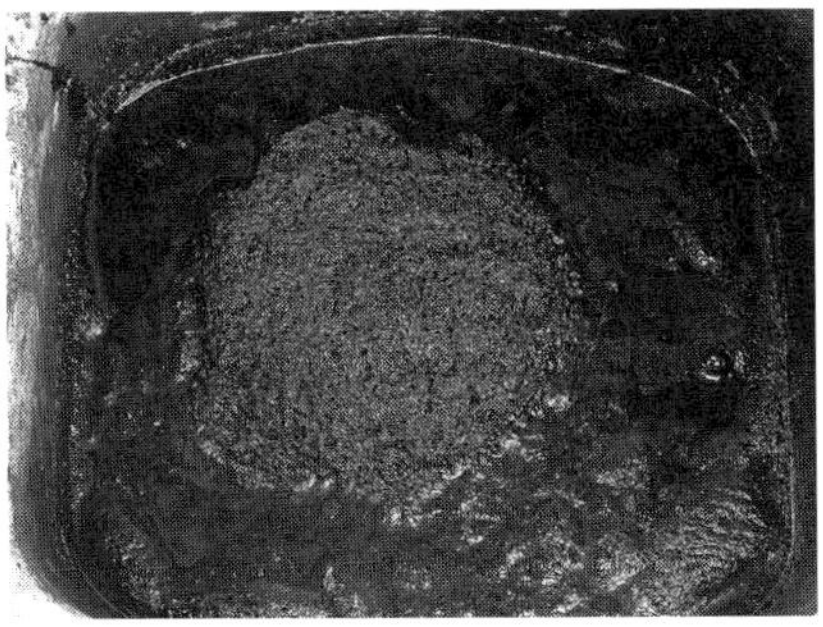
④藍の華ができてくる。約4日で赤紫を帯び独特の香りがする。攪拌すると泡が出て中央に「藍の華」ができてくる

⑤藍の華を取り除く

⑥染色を始める。前処理してある布を空気が入らないように静かに液面からつけていく

⑦酸化させる。水洗いして5分間酸化。布を広げて風を通すと発色がよい。このあと、染色と酸化・水洗い・脱水・天日干しを2～3回繰り返して仕上げる

ると大きな「藍の華」が残る。染色した日は、pHが10・5～10・8ならば、消石灰を加えずにかき混ぜ、pHが低ければ消石灰を適量加えてかき混ぜる。染めない日も毎日夕方かき混ぜる。1か月ぐらい経つと、pHが最適でもよく染まらなくなるときがくる。栄養源不足が考えられるので、この時は日本酒20㎖、またはふすま20㎖を煮たものなどを加えるとよい。この加減は甕の状況により異なるので、ここからは経験が必要となる。木灰がない時は、水1ℓに対して炭酸カリウム4gを加える。

●沈殿藍による発酵建て

◇沈殿藍づくりの原理

藍草を水に入れて漬物のように数日間発酵させ、藍草を取り出し、よくかき混ぜて酸化した染料を沈殿させてつくる方法である。リュウキュウアイは、この沈殿藍(泥藍)である。気温が高い真夏であれば、関東地方でも、沖縄の泥藍のつくり方でタデアイの沈殿藍がつくれる。生葉を水につけることで葉からインディカンと酵素が溶出し→インドキシルになる→消石灰を加えてアルカリ性にし、撹拌して酸素を送り酸化させるとインディゴになる→インディゴは水に溶けないので底のほうに沈殿し、沈殿藍となる。

◇タデアイによる沈殿藍のつくり方と原理

タデアイの場合、7月下旬から8月下旬の気温が高い時に、藍草(生葉茎付き)を水に2～3日から浸す。微生物の働きで葉からインディカンと酵素が溶出され、インディカンと酵素が反応してインドキシルになる。インドキシルになった液をざるで濾し消石灰を加えて、液をかき混ぜ空気酸化させると液が青磁色から青になり、表面に藍色の泡ができる。表面の泡が水色になるまでよくかき混ぜると沈殿藍ができる。これを布で濾す。水に浸している時間が藍草の仕込み量や気温などで変わるので、この時間を見極めるのがポイント。表面が赤紫になったときを目安にしている。時間が長すぎると腐敗臭が強くなる。

◇沈殿藍づくり工程(沖縄の泥藍のつくり方を参考にした方法)

①藍草5kgを刈り取り、茎がついたまま45ℓのポリ容器に入れ、板などで重石(石、レンガなど)をする。藍が水に浸るまで水(23ℓ)を入れる。

②2日ほど放置し、表面に赤紫の膜ができたら、重石をとり、染料液を絞りながら藍草を取り除き、染料液をざるで濾す。

③染料液に消石灰150gを加え、ひしゃくなどで染料液を持ち上げてはかき回す作業を100回繰り返し、染料液を空気酸化する。染料液はだんだんと青くなる。そのまま一晩放置後、細かい布で濾すと沈殿

①容器に束ねた茎つきの生葉5kgを入れる

藍約400gができる。ビンやビニール袋に入れ、乾かさない状態で保存する。

◇煮出して沈殿藍をつくる方法

大きな容器があれば、一度に藍の生葉を3kg程度まで処理することができ、臭いが悪くなく、沈殿藍が簡単に1日でできるので一般家庭向きである。

この原理は、生葉の煮染法の応用で、染料液を煮出して抽出し、冷まして酵素を加え、約30分放置後、消石灰を加え、空気酸化させることで沈殿藍をつくることができる。

藍草1kgを刈り取り、茎がついたまま生葉煮染法と同様に熱湯10ℓで5分煮出し、布で濾して染料液を抽出する。40℃まで冷ます(インドキシルの抽出)。

②板とその上に重石をのせ、板が浸るまで水を加える

③2〜3日たつと表面が紫色になる

④別の容器に液をザルで濾して入れる

⑤葉にも液が残っているので、よく絞る

⑥液をかき混ぜながら、消石灰を少しずつ加える。消石灰は150g

⑦青くなるまでよくかき混ぜる。およそ100回

⑧濃い青になれば完了

⑨一晩おいた後のようす

⑩液を布で濾す

⑪濾した布にドロッとした液が残る。これが沈殿藍で、5kgの茎葉からおよそ400gできる。密封できる容器に入れ常温で保存すれば1年くらいもつ

煮出した葉の10%の生葉100gを二等分して生葉50gを水700ccの入ったミキサーに入れ、1分間処理して細かい布で濾す。残り50gも同様にミキサー処理する。この液は藍の生葉染では染料となるが、ここでは酵素液として使用する。

冷ました染料液と生葉酵素液を混ぜ、30分間放置する。

染料液に消石灰15gを加え、ひしゃくなどで染料液を持ち上げてかき回しを50回繰り返し、染料液を空気酸化する。染料液はだんだんと青くなり、そのまま一晩放置後、細かい布で濾すと沈殿藍(約100g)ができる。ビンやビニール袋に入れ、乾かさない状態で保存。

◇沈殿藍の発酵建て——沈殿藍のpHは10・5〜10・8に

沈殿藍はpHが11・5程度なので、適量の水を加え、よくかき混ぜ、布で濾して、ろ液のpHを測る。pHが10・5〜10・8になるまで水を加えて同様に繰り返す。普通は3〜4回程度だが、石灰が多い場合は回数が多くなる。

15ℓの容器に、水10ℓ、沈殿藍400g(pH10・5〜10・8)、生葉ジュース(生葉100gをミキサー処理したもの)、日本酒50㎖を入れて仕込む。仕込んだ後は蒅と同様な管理をすると1週間ぐらいで染色できるようになる。

沈殿藍は蒅に比べて発酵しにくいので生葉ジュース、日本酒を加える。生葉ジュースには発酵のための微生物がいるので種母として添加、日本酒は栄養源。生葉ジュースの代わりに、少量の蒅や他の藍建ての発酵液を加えてもよい。

市販のインドアイの場合は、石灰や水分を含まないので、15ℓの容器に、水10ℓ、インドアイ100g、木灰300〜500g(または炭酸カリウム40g)、生葉ジュース(生葉100g

■沈澱藍の発酵建て

用意するもの:20ℓのバケツ
沈殿藍400g、水あめ5gまたは清酒50㎖、生葉液(水1ℓに対して100g)

①沈殿藍400gを20ℓ入りのポリバケツにあける

②沈殿藍の入ったポリバケツに水10ℓを入れる

③よくかき混ぜる

④一晩おいて布に残った液のpHを測り、pH10.5ではない場合には工程1〜3を繰り返し、pH10.5〜10.8にする

をミキサー処理したもの）、日本酒50㎖を入れて仕込む。

⑤水で溶いた水あめ5gあるいは清酒50㎖を、pH10.5になった染料液に入れる

⑥水1ℓに生葉100g（茎を除去したもの）を入れてジューサーにかけ、つくった生葉のジュースを加える

●沈殿藍によるブドウ糖還元建て

藍に含まれるインディゴを還元する方法は、微生物による発酵（発酵建て）の他に、還元剤を使った方法がある。藍色に染める原理は、色素のインディゴ→還元→還元型インディゴ→酸化→インディゴである。この還元状態にするために、薬剤を使う。一般によく使われている還元剤として、ハイドロがあるが、安全なブドウ糖などの還元糖を使って藍建てを行なうことができる。

＊ハイドロは、ハイドロサルファイトナトリウム。正式名称は、亜二チオン酸ナトリウム。建築染料などの染色助剤、合成繊維などの還元洗浄剤、紙・パルプなどの漂白剤、抜染剤、石けんなどに使われる。自己発熱して火災の可能性があり、飲み込むと有害、皮膚刺激、目にも強い刺激がある。水生生物には有害なので廃棄は専門業者に委託するものとされている。

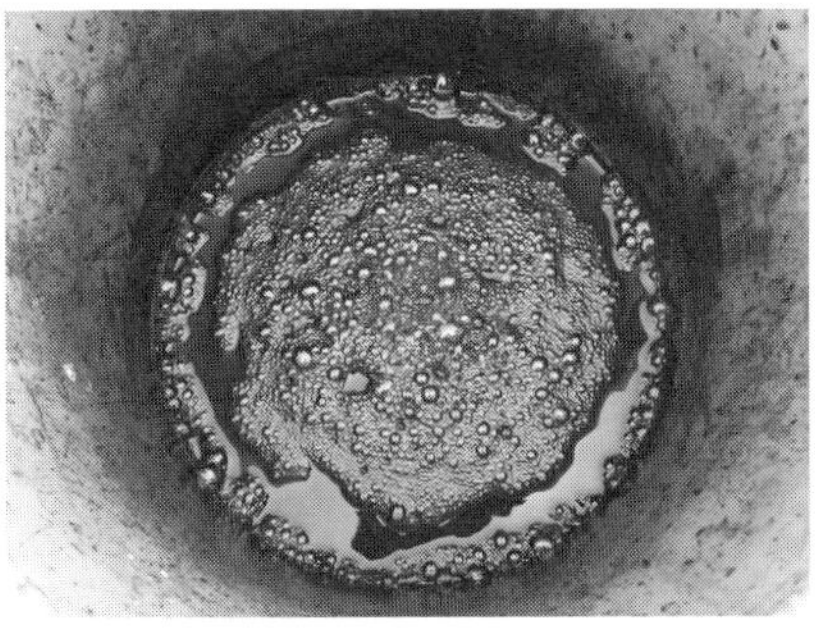

⑦4〜5日後泡が出てきたら発酵した証拠。さらに2〜3日おけば染色に使える

建て方は簡単で、沈殿藍（インド藍、泥藍、タデ藍など）、消石灰、ブドウ糖を湯に加えて沸騰させ、少し冷ましてから染色する。絹、木綿、麻も染まり、約65℃で染められるのでウールも染まる。ウール染に適している染色法といえる。

還元糖には、ブドウ糖（ブドウ、はちみつ、バナナ）、果糖（果実、根菜）、麦芽糖（水飴の主成分）などがある（砂糖は還元糖ではない）。糖類のうち、ブドウ糖（グルコース）や果糖（フルクトース）のようにそれ以上小さな化合物に加水分解できないものを単糖類という。ショ糖（スクロース）や麦芽糖（マルトース）のように加水分解により2個の単糖類を生じるものを二糖類、デンプンやセルロースのように多数の単糖類を生じるものを多糖類という。

◇自家製タデ藍のブドウ糖建てで原毛を染める

熱湯にタデ沈澱藍、消石灰、ブドウ糖を入れ、黄色になるまで(藍が還元した状態)加熱沸騰させる。還元して黄色くなった染料液を約65℃まで冷まし、前処理した原毛を浸す。浸し染め時間は1～3分、約40℃の湯に2回浸してから空気中で酸化させる。色を濃くする場合は浸し染めを繰り返す。最後に薄い酢につけてから、湯洗い乾燥する。

・必要な道具

ステンレス鍋(容量5～8ℓのもの)／ステンレスざる(直径30cm)／ステンレスボウル(直径33cm)

・手順

【染料液をつくる】

タデアイの沈殿藍500g、消石灰50g、ブドウ糖50gを湯5ℓに入れ、藍が還元した状態の色である黄色くなるまで加熱沸騰させる。

【原毛の前処理】

原毛50gを、ざるに入れたままで、中性洗剤を加えた約40℃の湯に10分間浸す。

ざるに入れたまま、40℃の湯で洗う。湯を換えて2回洗う。

【浸し染め(1回目)】

65℃に冷ました藍染料液に原毛を入れ、1～3分間浸し染めする。

【湯洗い・酸化】

40℃の湯で2回、湯を換えて洗い、湯と空気で酸化させる。

【浸し染め(2回目)】

65℃にした藍染料液に原毛を入れ、1～3分間浸し染めする。

■自家製タデ藍のブドウ糖建てによるウール染色

①材料。左からブドウ糖50g、自家製タデの沈殿藍500g、消石灰50g、原毛(コリデール)、モノゲン(中性洗剤)(写真：倉持正実、以下同じ)

②原毛の前処理。ざるに入れた原毛50gを、中性洗剤を加えた約40℃の湯に10分浸す

③原毛の湯洗い。ざるに入れたまま、2回40℃の湯を換えて洗う

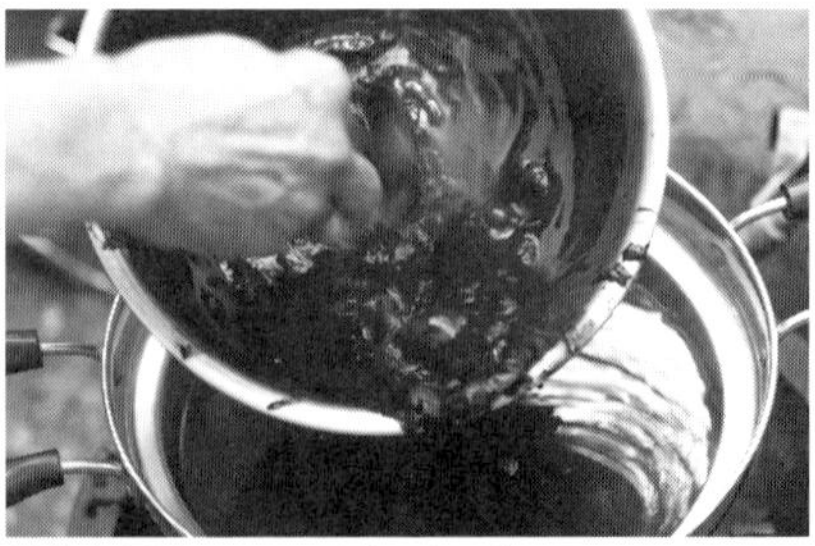

④藍染料液をつくる(1)　沈殿藍を入れる

⑤藍染料液をつくる(2)　消石灰を加える

⑥藍染料液をつくる(3) ブドウ糖を加える

⑦染色液をつくる(4) 黄色くなるまで加熱する

⑧浸し染め(1回目)。65℃に冷ました藍染料液に原毛を入れ、1〜3分間浸し染めし、2回繰り返す

⑨湯洗い・酸化。2回40℃の湯を換えて洗い、空気酸化

⑩酸処理。酢150㎖/40℃の湯5ℓに5分浸す。3回の湯洗い後タオルに包み30秒脱水したあと乾燥させて仕上げる

【湯洗い・酸化】

40℃の湯で2回、湯を換えて洗い、湯と空気で酸化させる。

【酸処理・湯洗い】

酢150㎖/40℃の湯5ℓに5分間浸す。3回湯を換え洗う。

【脱水・乾燥】

タオルに包み脱水(30秒)し、乾燥させる。

草木染と媒染剤

媒染とは、染料と繊維を媒介して固着させる物質を意味する。草木染における主な媒染剤の種類には、金属イオン媒染剤とアルカリ媒染剤がある。具体的には、漬物などに使う明《みょう》礬《ばん》や錆釘を食酢で煮てつくるおはぐろ(鉄漿)と椿灰汁、木灰汁、藁灰汁、石灰など。明礬にはアルミニウムが含まれ、おはぐろにはテツが含まれている。木灰はアルカリとしての作用だけではなく、微量に含まれる金属イオンが影響している。椿灰汁(ツバキ、サザンカなど)には、アルミニウムが多く含まれ、平安時代の紫根染《しこんぞめ》、茜染、蘇芳染《すおうぞめ》などに使われている。

媒染剤には、染料を繊維に固着させる働きと同時に染料の色を発色させる働きがあり、同じ染料でも媒染剤が異なると全く違う色に染まる。アルミ媒染では黄、赤、紫、薄茶系の色が染まり、鉄媒染では茶褐色、紫みや茶みの鼠、紫みや茶みの黒、茶みの緑、緑みの茶色などが染まる。

型染め

●庶民の染め技法としての型染め

◎型染めの歴史と特徴

　日本の型染めの起源は、摺絵（木版による摺絵）、夾纈《きょうけち》（同じ模様を彫りこんだ2枚の木型の間に布を二つ折りにして挟み、締め付けた模様の中にあけた穴から染料を流し込んで染色する）、臈纈《ろうけち》（木版や文様の形に彫った木印によって蝋を置き、染料が染み込まないようにしてから染色し、染色後に蝋を洗い流して模様を浮き出させる染色法）といった、木型を使うものである。型染めは、古くは上流階級の装飾品に使われていた紋織物の代替品である。紋織物は型を繰り返し織られるもので、文様が浮き上がって見えるのが特徴だが、その部分は宿命的に弱い。耐久性がない故に、物理的強度を考えて型染めが使われたのではないかと服飾研究者の長崎巌は推論している。正倉院御物には麻のものと絹のものがあるが、強度を要する敷物や袋物は麻に木型を使った型染めのものが多い。

　奈良から平安時代になると、庶民は無地か絞りの染め麻地（当時の布は大方が麻である）の着物、上流階級である公家は絹の紋織物を着ていた。この時代には蛮絵、踏込型といった型染めも行なわれている。蛮絵は、草花や鳥獣を丸い形に文様化して木版に浮き彫り（陽刻）し、墨で布地に摺ったり、縫取ったりしたもの。当時は大陸渡来のものに蛮の字をつけて呼び習わしていたという。踏込型は、木型を踵で踏んづけて、革に文様を食い込ませ、藍などで染色したもので、鎧の革に模様を施すために用いられた。現存するものでは、法隆寺伝来の鎧である澤瀉《おもだか》威《おどし》鎧《よろい》雛形《ひながた》が最古のものとされている。

　その後、より繊細な文様表現を求め、木型から型紙へと移行していく。いずれにしても、文様を繰り返し染めるには最適であった。型紙染の現存する最古のものは、源義経が所有していたと伝えられる「籠手《こて》の家地《いえじ》」。家地とは甲冑の籠手の裏に貼る裂《きれ》のこと。直接肌に接するところを麻地にしたものと思われる。これは紋織物だが、型（パターン）を繰り返し織られるもので、公家の装束などに仕様が決められていた「有職織物」の特徴とされる。浅葱色地に藤巴模様は、型紙を使って糊を置いて藍に浸したものと考えられる。型紙染の登場は、公家社会から武家社会へ移っていく時期に重なっているようである。

　型染めは、当初は単純な染料の摺り込みが行なわれていたと思われるが、やがて防染糊などを使う防染へと発展していく。防染もそれに使用する糊の移り変わりにより、蝋を使う臈《ろう》防染から、鎌倉時代の印花麺の渡来を受けて糊防染へと変わる。印花麺はダイズと消石灰からつくられた糊だったが、日本では糯米を主原料とする糊に変わっていく。糊の素材が変わったことで、糊を自在に置けるようになり、それが江戸時代の小紋染めを誕生させたともいわれる。

サクユリの描画を図案化した(写真:倉持正実)

センリョウを図案化したもの(写真:倉持正実)

　こうして江戸時代には、元禄のころから布地全体を小さな模様で染め上げる「小紋」、浴衣《ゆかた》を染めた「中型」などが全盛となっていくのである。

　江戸から明治になると、武家社会の終焉とともに、大量の型紙がヨーロッパに流出する。産業革命後の当時のヨーロッパ社会で、日本の型紙は洗練された工業的意匠として評判となり、フランスやベルギーのアールヌーボーやドイツの19世紀末の芸術ユーゲントシュティールに影響を与えたとされる。そして浮世絵とともにジャポニズムの大ブームへとつながっていく。また、日本の型紙は、ヨーロッパでの型紙の紗張《しゃば》りからスクリーン捺染へと発展する契機ともなっている。

ソバナの花(写真:倉持正実)

◎型紙のこと

　型染めに欠かせない型紙は、構造の生漉き紙を2、3枚柿渋で貼り合わせた「渋紙」を使用する。柿渋を塗った渋紙は、水にも強く、破れにくい。しかも水になじむので、布にも密着してくれる。まさに型染めには最適な素材といえる。渋紙は薄手のものから厚手のものまでさまざまある。

　この渋紙に模様や文字を彫って型紙とする作業は型彫りと呼ばれる。1㎝当たりに幅0・5㎜前後の切り込みを10本もほどこすような型彫り模様もあるが、あまり細かくなると防染糊が通りにくい。そこで型彫りの済んだ渋紙を2枚にはがして、細い絹糸を入れてもとの渋紙を貼り合わせる「糸入れ」などの技術もあったという。

◎防染糊のこと

染色で、着色防止のために用いる糊は、防染糊《ぼうせんのり》と呼ばれる。防染のための糊は、しっかりと布に密着して染色作業の間は色素の染み込みを防ぐほか、布の必要な箇所にどんな形であっても自在に置けることが求められる。しかも染色後は簡単に除去できることが必要となる。型染めでも浸染めなのか、引き染め（ピンと張った生地に直接刷毛で描いて染める技法）なのかによって糊の要件は変わる。こうした要件を満たすものとして、現在では糯米と米糠を主原料とする糊が使われている。

型染めでは、型を置いた上から出羽《でば》ベラなどで糊を置く。友禅染では糊の使い方にいくつか種類があり、模様の輪郭線に筒描きで細く糊を置く「糸目糊」、防染したい箇所を糊で伏せる「伏せ糊」など、防染糊の使い方にはいろいろな種類がある。

◎挽き粉のこと

糊置きした後に、生乾きのうちに、糊を挽き粉で覆う。挽き粉は木の粉やおがくずでつくられている。糊が乾燥してひび割れを起こすのを防ぎ、糊同士の接着も防ぐ。

◎出羽ベラのこと

出羽ベラと呼ばれるヒノキ製のヘラで糊を型紙に載せることになる。型紙を傷めないためにも、使用する前にサンドペーパーなどで研いでおくようにする。

●型染めの手順

型紙を使って布の上に防染糊を置いてから、染液をつけた刷毛で染めるか、あるいは染液に浸して染めた後、水洗いで糊を落とし模様を表わすものである。浴衣や帯などよく利用されるものに使われた技法である。

◎染めに必要なもの

沈殿藍あるいは蒅、型紙、出羽ベラ

◎糊を置く

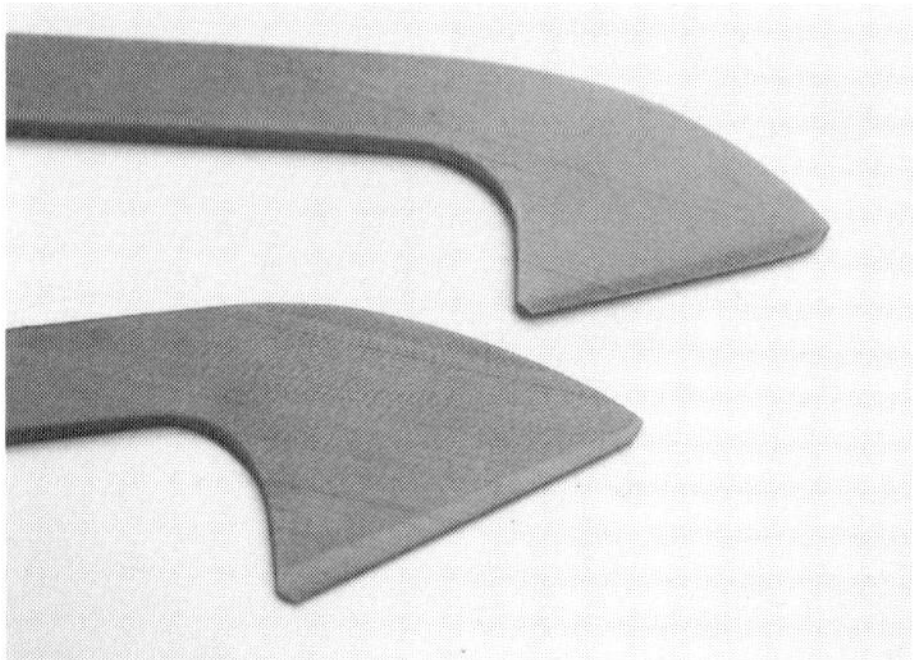

糊を型紙に置く道具の出羽ベラ（写真：倉持正実、以下同じ）

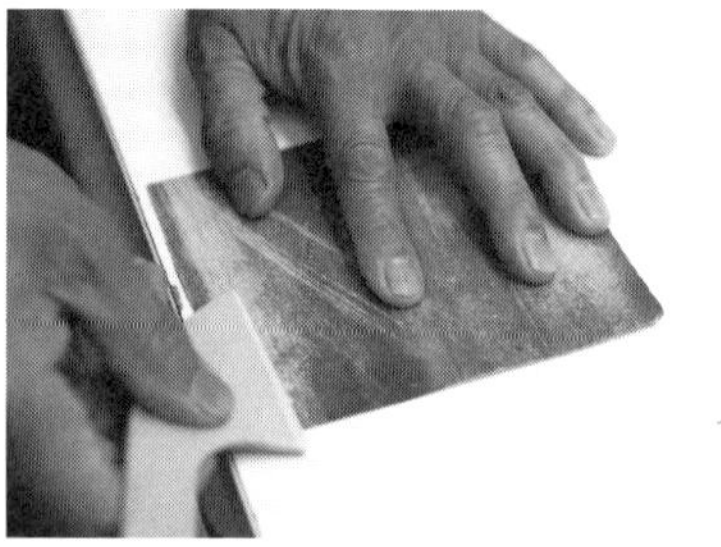

①平らに糊置きし、型紙を傷めないために、ヘラを紙やすり（№160～240程度のもの）で研ぐ

②米糠、もち粉、石灰でつくった糊を調整する。藍染めでは糊を強めにする

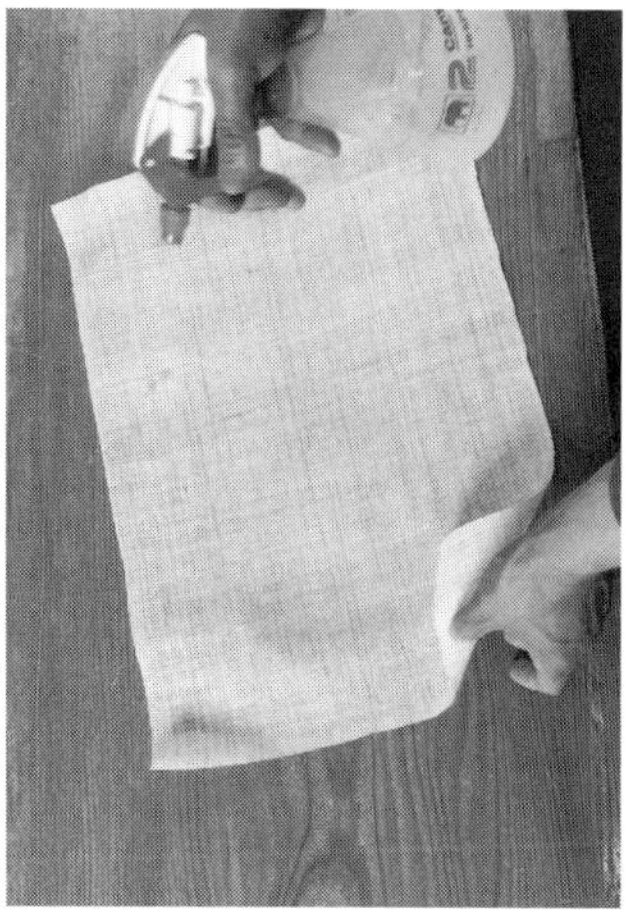
③麻布に霧吹きをかけてしっとりさせる

④型板も刷毛や霧吹きでしっとりさせる。板にはもち糊を敷いてある

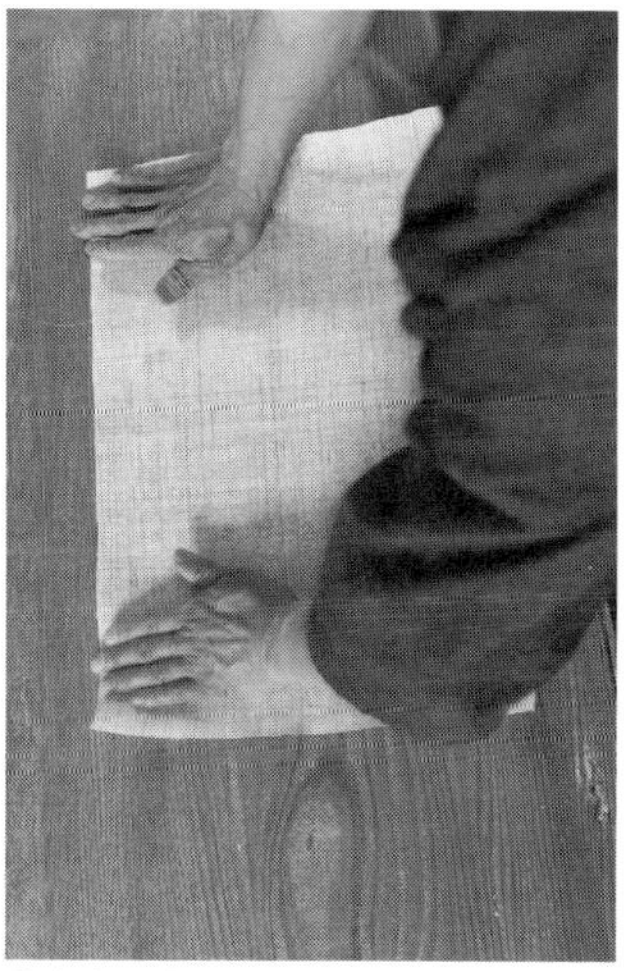
⑤麻布を貼り付ける

⑥水に2時間ほどつけた型紙を板の上にあげて、水分を取る

⑦麻布に型紙を載せ、右から糊を置いていく。藍染めの場合は2回塗り、厚めにする

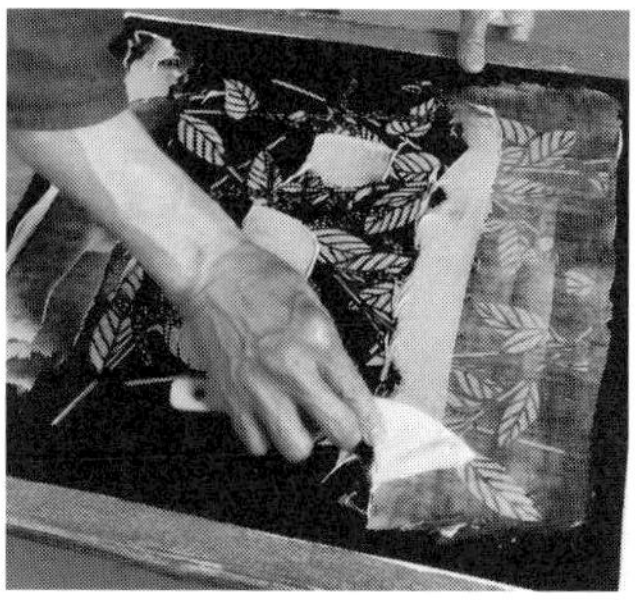
⑧手早く糊を型紙全面に置く

⑨型紙をはがす

⑩糊を置いた麻布

⑪糊の上に引き粉をのせていく

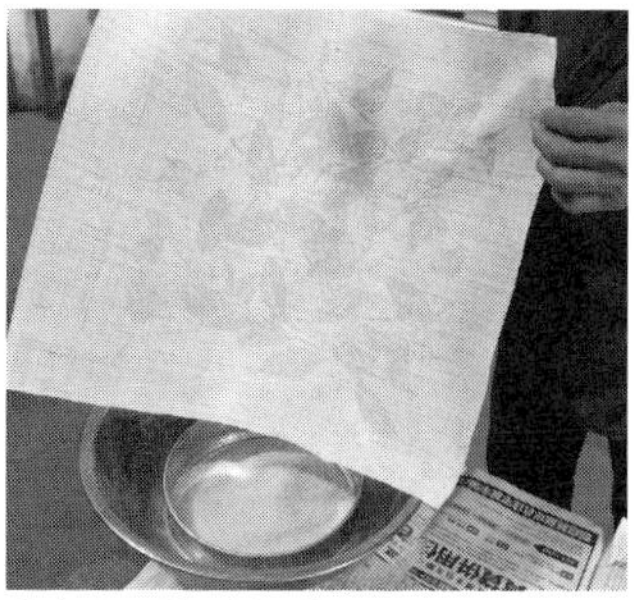
⑫余分な引き粉を払う

⑬麻布を「しんし（伸子）」に差して糊を乾燥させる

◎染液につける

①藍甕（染料液）に浸す。まっすぐに「しんし」だけを残すくらいに浸して、3分ほど静置

②染色後に水に入れて酸化させる

③水から上げる。余分な茶みの成分が水洗いされて酸化がすすみ、色が青くなる

④水に浸した後に陰干しする（3分間）。さらに酸化がすすみ青が濃くなる

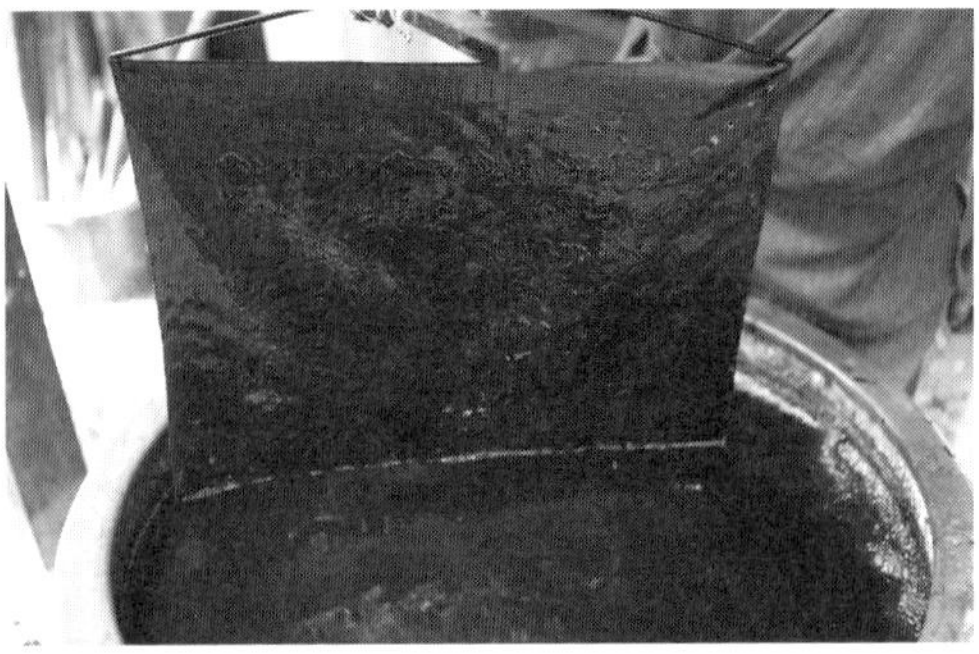
⑤2、3回と同じことを繰り返す。回数が増えるほどインディゴは付きやすい

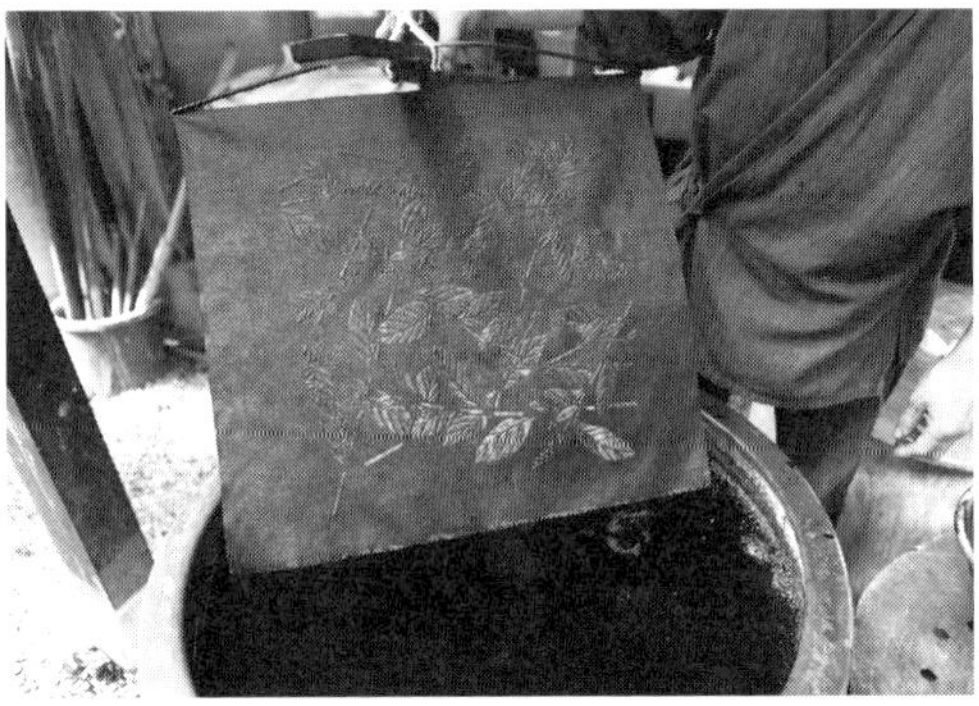
⑥藍色に濃く染まってくる麻布

⑦手で引き粉を軽く洗い流す

⑧刷毛で全体をなでるように水洗いする

⑨水につけてしばらく静置する

⑩乾燥させる

⑪染め上がり

⑫型紙は洗って糊を取り、干しておく

●型紙で摺り染めする（型摺り）

型摺り（現在ではステンシルなどともいわれる）は、型染めを使った版画技法のひとつで、輪郭線がかすれず、くっきりした仕上げになる。文字や繰り返し模様を描く時に使われる。防水性の原紙に文字や模様を切り抜き、それを紙や布の上に置き、切り抜かれた孔の部分から染料をすり込む。日本では薄い美濃紙に柿渋を塗った渋紙で型を切り抜いて版をつくる、合羽版という型染め技法があった。

◎沈殿藍（タデアイ）による顔料づくり

1ℓに2gのクエン酸を溶いた水を、沈殿藍に注ぎろ過する

①必要なもの（写真：倉持正実、以下同じ）

②沈殿藍に水を噴霧してきれいに洗い流す

ことで、沈澱藍に含まれる石灰を中和する。顔料としてはpH７の中性がよいためである。クエン酸水で沈澱藍を洗うと、色も鮮やかになる。

◎型紙をつくり、顔料で型摺り

藍の顔料をつくり、切り抜いた型紙を使って紙や布に文字や模様を摺り染めすることができる。型紙の上から顔料を豆汁で溶いた色料を刷毛で塗った後、よく乾かしてから仕上げる。この型絵染め技法による製品は、絵本、本の表紙、装丁、扇子、団扇、はがき、カレンダー、蔵書票など多種である。

■型紙型摺りの手順（写真：倉持正実、以下同じ）

①柿渋の渋紙でつくる型紙

③クエン酸水を注ぐ

④ろ過して色素を漉し取る

⑤ろ紙に残った溶液のpHを測定する

⑥ろ液にもクエン酸水を添加しpH7にしてろ過する

⑦ろ紙に残る沈澱藍。これを顔料として使う

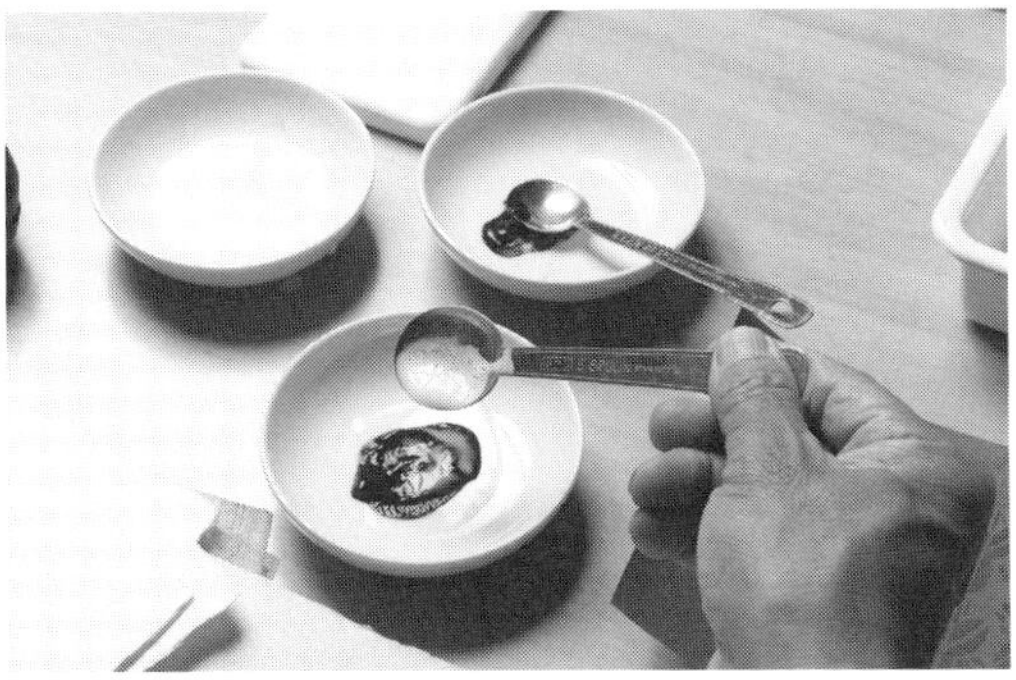

④顔料に適量の豆汁を加える

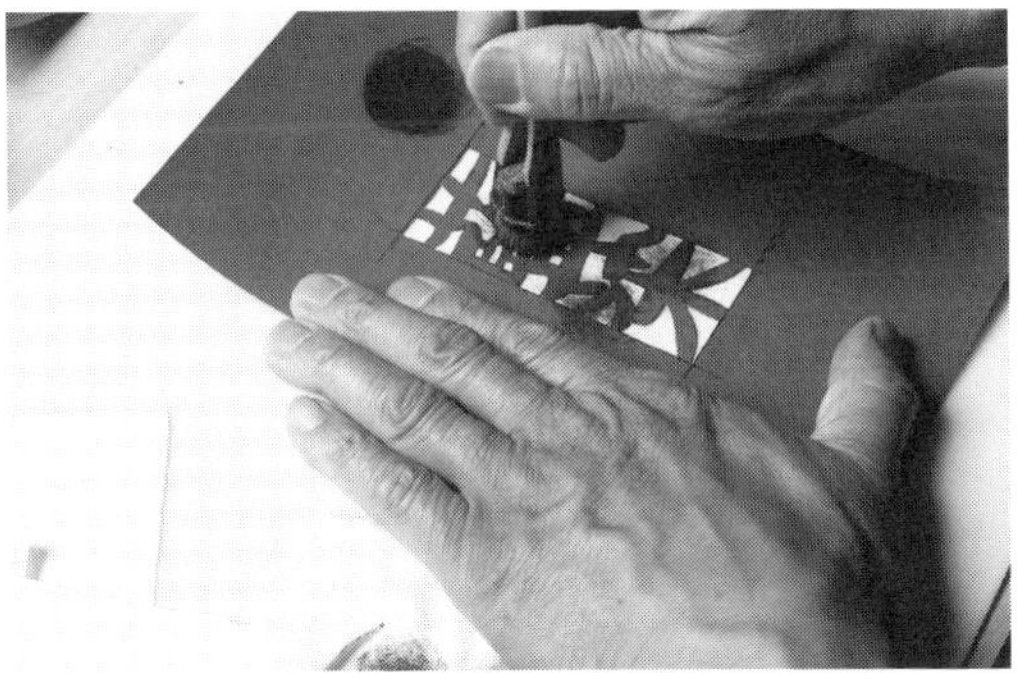

⑤摺り染めする。摺り込み刷毛で丸く動かしながらぼかす

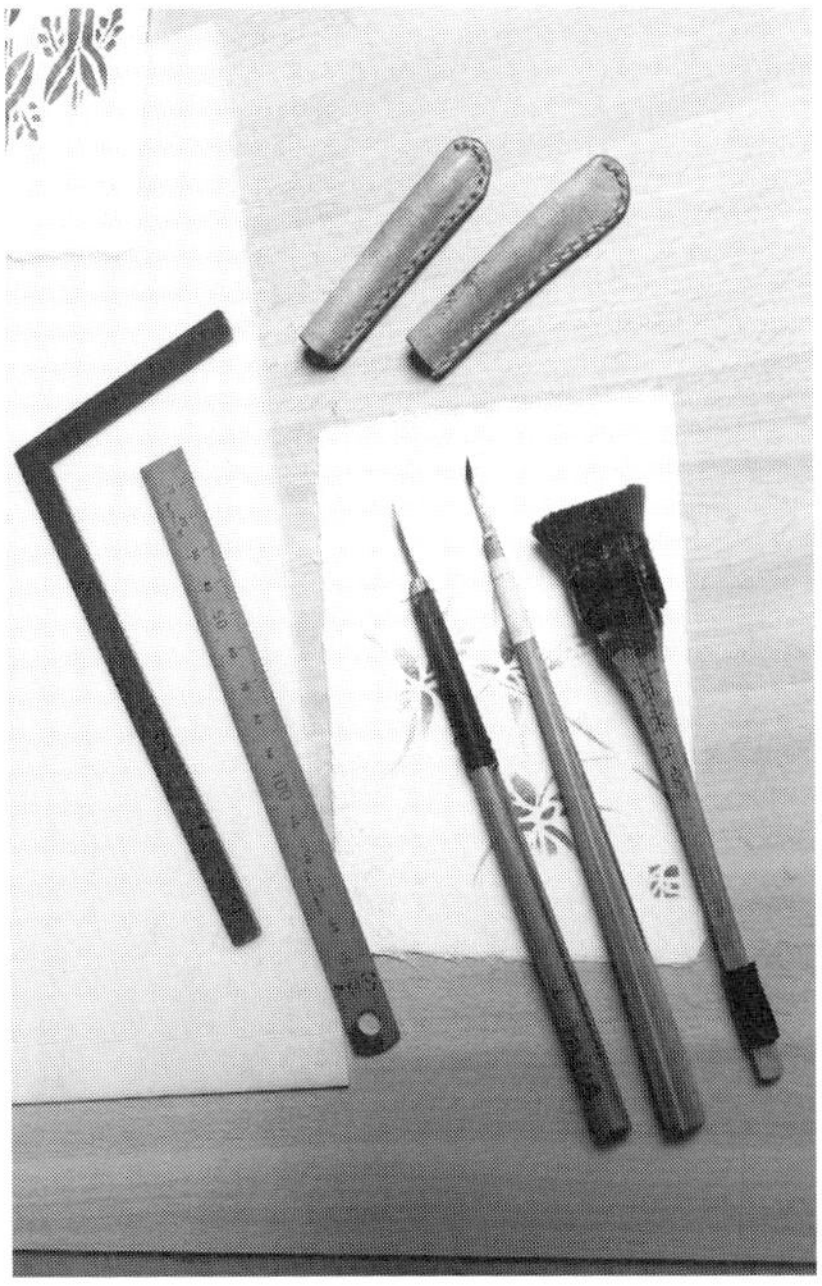

②型紙づくりに必要な道具。型彫りの刀(カッターでもOK)。直線は定規を使ってカットする。右は摺り込み刷毛

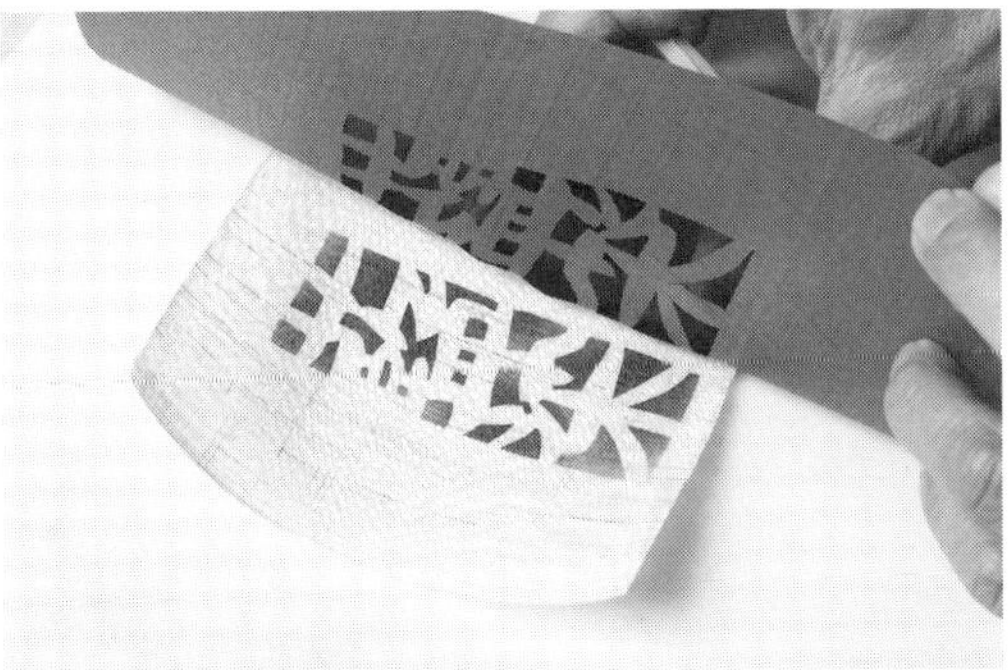

⑥型紙をはがす

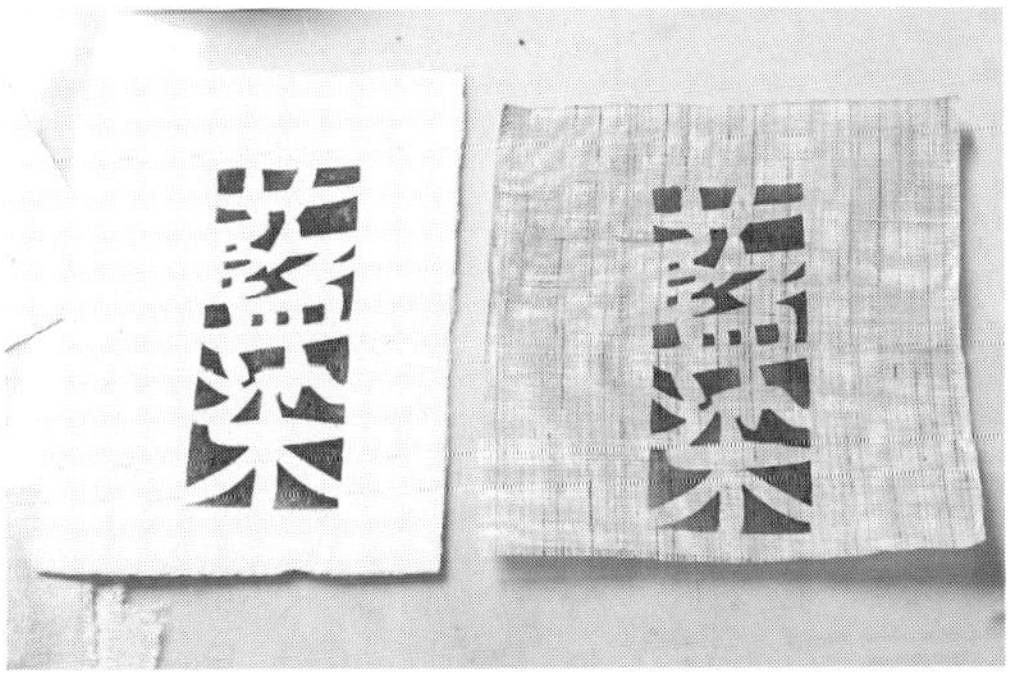

⑦仕上がり。和紙はがき(左)と麻布

③型紙づくりの作業

重ね染め（カラー口絵参照）

●藍の重ね染め

青を染めることができる染料は、タデアイ、リュウキュウアイ、インドアイなどインディゴを含む含藍植物である。例外的に青に染まる染料としてクサギの実がある。この色素はトリコトミンで大変珍しいが、インディゴほど濃くは染まらない。また、身近に多いツユクサのような青い花も、青く染まるが、アントシアニンなのですぐに変褪色してしまい、実用性には欠ける。

青色があれば、黄色や赤の染料との重ね染めで、緑、紫、黒を染めることができるので、草木染には藍染めが必須である。タデ藍の蒅の製造が始まったのは室町時代末といわれるので、奈良、平安時代は藍の生葉染め、煮出し染め、または生葉から沈殿藍をつくり、発酵建てして染めたと推測される。

藍の生葉染めは澄んだ色なので薄い青の染めに適し、中間色から濃色は、煮出し染、蒅や沈殿藍の発酵建が適している。

●藍と重ね染めするための草木染の基本技法

藍をベースにした重ね染めの基本技法には、⑴無媒染＋黄蘗、⑵アルミ媒染、苅安染、槐染、コチニール、⑶鉄媒染、楊梅、夜叉附子、⑷紅花染の4つがある（口絵6頁参照）。

【深緑《ふかみどり》】 藍（蒅《すくも》発酵建て）＋苅安（明礬媒染）２００％

常緑樹のように深い緑色。蒅の発酵建てで染色した上に、苅安の明礬媒染で染め重ねた。藍の濃さを変えることで青緑から黄緑に染色できるが、緑にするには一番彩度の高いぐらいの色がよい。「延喜式」には「深緑　藍十圍《い》。苅安大三斤。灰二斗。薪二百卌斤」とあり、古代は明礬ではなく、椿灰で染色していた。一圍は、元来両手を伸ばして抱えられるくらいの意味で、約1・2mの縄で括ったものとされるので、「藍十圍」は生の藍の重さでは約20kgにあたる。

【浅緑《あさみどり》】 黄蘗《きはだ》（無媒染）１００％＋蓼藍・生葉染め（無媒染）１００％

黄蘗の無媒染で染色し、藍の生葉染めで染め重ねた。鮮やかな黄蘗の黄色に、少しずつ藍が染まり、さわやかな黄緑が染まる。染色していると色が湧いてくるようで、わくわくする。黄蘗は日光に当たると茶みの色になるので、注意が必要。「延喜式」には「浅緑：藍半圍。黄蘗二斤八兩」とあり、綾一疋を染めるのに藍半圍（約1kg）なので、当時は藍の生葉染めで染めたと推測される。

【萌葱《もえぎ》】 小鮒草（明礬媒染）３００％＋蓼藍・生葉染め１００％

草や木が萌え立つときの色からきた色名で黄緑色。鶸《ひわ》萌黄は真鶸の羽の黄色より少し青みの色。藍の生葉染めで浅葱色に染色した後、小鮒草の明礬媒染で重ね染めした。小鮒草は苅安よりも鮮やかな黄色を染めることができ、黄蘗よりも日光に強いので変色は少なく実用的。夏、穂が出る前の小鮒草を染めるのもよい。澄んだ黄色が染まる。槐、苅安、小鮒草が日光に比較的強いのは、同じ色素構造を持つからである。

【二藍《ふたあい》】 蓼藍・生葉染め（無媒染）＋紅花（桃染め）（無媒染）

藍と紅花の重ね染めによる紫色で、平安時代の夏の装束の色。藍は「染料」の意で、青藍と赤藍を重ね染めしたため、二藍と言われるようになった。藍の生葉染めで浅葱色に染色、澄んだ色にするために、紅花染は紅木綿から紅色素を抽出する桃染の技法で重ね染めした。藍染めの発酵建で二藍を染めるときは、藍を先に染める。なぜなら藍の染料液はアルカリ性なので、紅花の赤色素が溶出するからである。

【桔梗色《ききょういろ》】 藍（蒅《すくも》発酵建て）＋コチニール（明礬媒染）

桔梗の花に似た青みの紫色。「諸色手染草」には藍、明礬が使われ、『當世染物鑑《とうせそめものかがみ》』には「似桔梗《にききょう》」という色名もあり、藍と蘇芳と明礬で染められたことが記されている。江戸時代、庶民が紫根染を着ることを禁じられたことから、藍と蘇芳の重ね染めで「似紫」が染められた。蒅の藍染めで縹色に染め、蘇芳よりも変色しにくいコチニールの明礬媒染で重ね染めした。

【藍鼠《あいねずみ》】 藍茎３００％（無媒染）＋藍生葉１００％（無媒染）

青みのある鼠色。『染物早指南』には「唐藍、墨ポッチリ、石灰水、豆汁」とあり、藍と墨で染められている。豆汁が使用されているので引き染めによる染色と推測できる。墨の代わりに藍の茎を煮出して鉄媒染で鼠色に染め、藍の生葉染めで重ね染めした。藍の生葉染めでは茎を使わないので、茎を挿し木にして、また藍を育ててもいいが、鼠色を染めて有効に利用するとよい。

【憲法染】 藍・発酵建て（花色）＋楊梅（鉄媒染）

緑みの黒で、『當世染物鑑』には藍で染めた後、楊梅の鉄媒染で重ね染めしている。この色名は、剣術家の4代目当主・吉岡直綱（号は憲法）の個人名に由来する。吉岡一門は足利将軍の剣術指南として名を挙げたが、大坂の冬の陣で豊臣方につき、敗戦したことを恥じて兵法を捨て、家伝であった染物業に専念したと言われる。蒅藍で花色に染色した上に、楊梅のおはぐろ媒染で重ね染めした。

【藍御納戸《あいおなんど》】 藍・発酵建て＋夜叉附子１００％（鉄媒染）

青みの黒色。納戸は暗い部屋であることからつけられた色名。『染物早指南』に下染を藍の中色に染め、夜叉附子のおはぐろ媒染で染める方法が記されている。これを参考に、蒅藍の発酵建てで中色に染色し、夜叉附子のおはぐろ媒染で染め重ねた。同書の「鉄御納戸」は同じ方法で染めているが、藍の下染が空色でやや薄い。「鉄色」は焼いた鉄肌の色。

（山崎和樹）

阿波藍　伝統的な製法の実際

●阿波藍と新居製藍所

新居《にい》製藍所は、徳島県の吉野川沿いの上板町にある。現在の代表は新居修さんで、藍師6代目となる。新居家は明治半ばまで、藍師と染師をつなぐ藍商を営んでいた。藍師は新居製藍所を含め、徳島県内に現在5軒となった。阿波藍(蒅《すくも》)は、2018年に日本遺産に認定されたが、その製造技術は、すでに文化庁の伝統的保存技術にも認定されていて、技術保存協会が組織されている。新居さんもその会員である。

藍師の仕事はタデアイの播種から栽培、収穫後に葉を乾燥させて葉藍にする「藍粉成し」、さらに葉藍を発酵させた蒅をつくり、染師に蒅を納品するまでの作業をすべて引き受けている。タデアイの栽培から蒅の完成までは1年かかる。自然のサイクルを相手に、地球に負荷をかけずに、人事を尽くす仕事でもある。

切り返し作業中の藍師新居修(写真:城田清志)

新居製藍所。右の黒い建物が3つある発酵寝床の一つで、屋号の「マス」の印が壁に描かれている

■タデアイの栽培から藍粉成し(葉藍)まで

表2　タデアイの栽培から藍粉成しまで

藍の種蒔き(播種)	第1回目播種　ハウス内の苗床に。2月下旬の大安の日を選ぶ 第2回目播種　3月6日、同じくハウス内の苗床に 藍の種蒔き　3月18日、露地にも播種(露地播種)
苗床からの採苗	4月13日、採苗し移植 野菜苗移植機を使い、株間30cmで6本植え、畝間は80cm
藍の管理	5月22日、移植後40日以降に除草、施肥し、小型耕耘機で中耕除草 6月2日、だいぶ大きくなってきたのに合わせて追肥
藍刈り	6月15日～19日　一番刈り・裁断 夕方から刈り取る。翌朝機械で細断し、葉と茎とに分ける 1か月後の7月　二番刈り・裁断
藍粉成し	葉を真夏の炎天下、コンクリート張りの土間に広げて天日乾燥後、機械乾燥で仕上げ、筵2枚を縫い合わせた「ずきん」に入れ、10月の「寝せ込み」まで保管する

タデアイの栽培

定植　苗取り

セル育苗　セルトレイに播種する（写真：城田清志、以下同じ）

定植　野菜苗用の移植機で1条植え。自作地2ha、委託栽培地6haとなる。収量は一番刈り・二番刈りを合わせて360kg/10aである

アイの畑

藍《あい》粉《こ》成《な》し

茎と葉を裁断する。写真左で裁断された葉は吹き上げられて大型扇風機で飛ばされ、一方で茎は裁断機の下に落ちる仕組みになっている

除草作業　初期は除草と中耕培土が大切

一番刈り　ビーンハーベスターで茎葉一緒に根際から刈る

ハウス内でも葉を掃き寄せて裏返し葉の乾燥を促す

掃き分け作業。大型扇風機の風力で葉と茎を選別する

干しあがった葉藍は、筵2枚を縫い合わせた「ずきん」に詰めて保管

天日乾燥。晴天が続く時期を選ぶが、突然の雨は怖い

表3　阿波藍づくり

寝せ込み（蒅の製造）	9月28日大安の日 寝床に一番葉を入れる。寝せ込みは、二山ずつ3寝床で、計6か所になる 1寝床に、約40kgの「ずきん」30個分を広げて、1mくらいの高さに積み上げ、蒅の製造が始まる 寝せ込み1週間後から「切り返し」へと進む
藍の切り返し	1週間後からクマデ、ハネを使い、「打ち水」を加えながら、順次、一山ごとに切り返していく 発酵が盛んになる3週間以降には二番刈りした藍葉を加え、藍の様子を見ながら、水を加えていく この間に、畑では9月末日には種用の藍が「花の満開」を迎える
通し	10月下旬ころには、発酵が盛んになり、塊ができやすいので機械に通し、篩に掛け、塊を砕く。発酵の様子を知るために、65～70℃に発酵熱のなかで、匂いをかぐことも大事になる。10月後半になると、気温も下がるので保温用の筵を増やす
切り返し	発酵の状況把握と温度管理 1か月を過ぎるころ、中心の発酵温度が高くなるのを防ぐために、「ぼうず」という筵巻きを二つに括って柱状にして入れる（煙突の役目を果たす）
蒅	お神酒を供え、叺に詰めて染屋に向けて出荷となる

1 寝せ込み

寝床へ葉藍を広げる。床は壁の腰板くらいの深さまで掘り下げ、バラス(砂利)を敷き、砂その上に籾がら、粘土をのせた4層構造。発酵ムラをなくすために中央部が幾分高くなっている。3年ごとに調整して作り直している

「寝せ込み」を行なう寝床。入り口に「ずきん」に入った葉藍が積まれ、「水打ち」に使う桶、切り返しに使う「はね」、切り崩しに使う「四ツ熊手」「こまざらい」竹箒などが並んでいる(写真:城田清志(板野町黒谷)、以下同じ)

「はね」で1mの高さに積み上げる。1つの寝床に2山。1山がおよそ3〜4tの重さに

カサカサと乾いた音を立てる葉藍を、広げると同時に水をかけ、混ぜ合わせる。カサカサ音がなくなるまで

2 切り返し

発酵熱が上がる

藍床には水をなじませ発酵しやすくするとともに、四ツ熊手などで山を崩し再び積み上げて発酵を促す

1mの高さに積み上げ、お神酒をあげる

葉藍40kg入りの「ずきん」30俵に同量の水をかけて混ぜた「お山」ができる

水打ちは職人技。一度にできるだけ広くかかるように打つ

発酵熱、湿度、鼻をつく発酵臭のなかで、必要な水打ちの量や位置を判断する

「ふとん」と呼ぶ筵で全体を覆って保温する

清酒を混ぜた水

発酵熱は70℃にまで上がる。臭気も強い

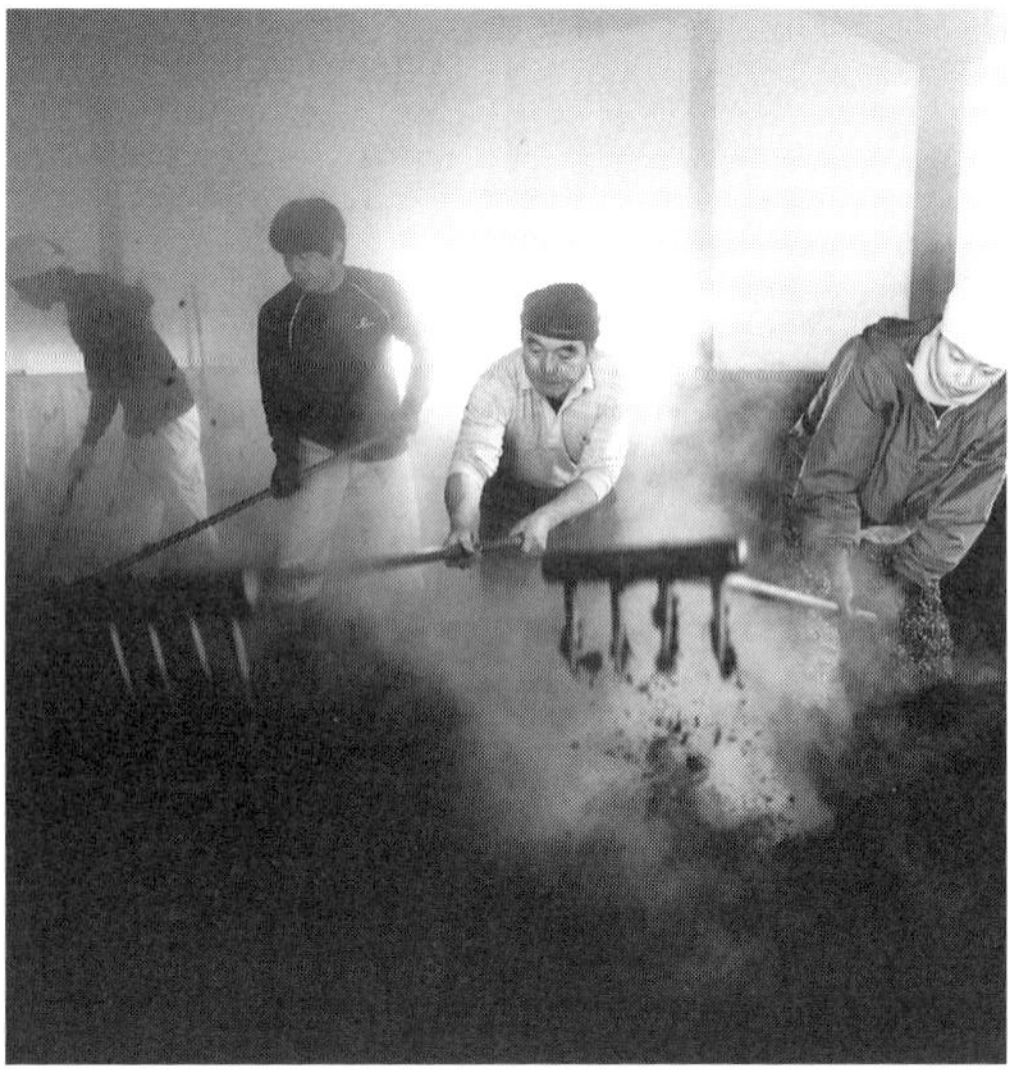

切り返しは10月下旬までに12〜13回行なわれる

ふとんかけ。外気温が下がる季節なので、発酵熱はあるものの、お山に「ふとん」をかけて保温する

3 通し

通し。10月下旬には発酵ムラをなくすために、篩にかける「通し」を行なう

判断。色、水分含量、硬さなどから発酵具合をみる

4 切り返し

3箇所の寝床を日替わりで回り、1日かけて1山を移動させながら切り返しは続く

「ぼうず」で温度調整。筵を二つ折にした「ぼうず」をさして内部温度を管理

切り返し。温度の上がり過ぎや下がり過ぎに注意しながら作業する

落ち着いてきたお山

においや乾き具合をみて水打ちが続く

5 蒅の出荷

蒅完成。手で一握りして固まり、汁が垂れない状態がよいとされる

計量

縄掛け

叺の表には屋号の「マス」の印を押す

カサカサと音がするほど乾燥した葉藍を、「寝床」と呼ぶ施設に広げて、およそ4か月の間、水と酸素を適宜に与え、葉藍のなかの微生物と菌のエネルギーを引き出す。その環境づくりが藍師の役割だ。におい、音、手触りなど人の持つ五感をフルに活用しての作業が続く。微生物と菌の力を引き出すことで発酵を進め良質の蒅に仕上げていく。

●課題と展望

新居修さんはいう。「欧米でも日本的なものへの関心が高まっているのは事実で、ヨーロッパや北米大陸からも藍にひかれてやってくる若い人たちがいる。近年は、台湾からも視察者が来ている。藍の世界では、いまでも昔の価値観が残っているのも確かだ。たとえば、人間関係にしても、藍師の縁の下の力持ちになってくれているのは葉藍を栽培する人たちだ。私らは私らで紺屋さんに喜んでもらいたい。損得抜きで尽くしたいという気持ちがあるし、紺屋さんも染織作家を支える縁の下の力持ちだという自覚もある。皆がそういう関係で成り立っていることをよくわかっている。相手を生かして自分が生きる、この関係性のなかで自分の力も十全に発揮できると。しかも、それでもなお、天地自然のリズムに合わないとどうしようもない面があって、天に委ねるという思いもある。自我の殻が破れることですごいものが生まれるという世界でもある」。

その新居さんが、何かと支援している若手の渡辺健太さんの製藍所の完成が近い。新居製藍所は娘の連れ合いが引き継いで経営する体勢ができている。今は若い藍師を育てることに力を入れ、作業の合間を縫って若い人たちの支援に力を入れている。

（新居　修・編集部）

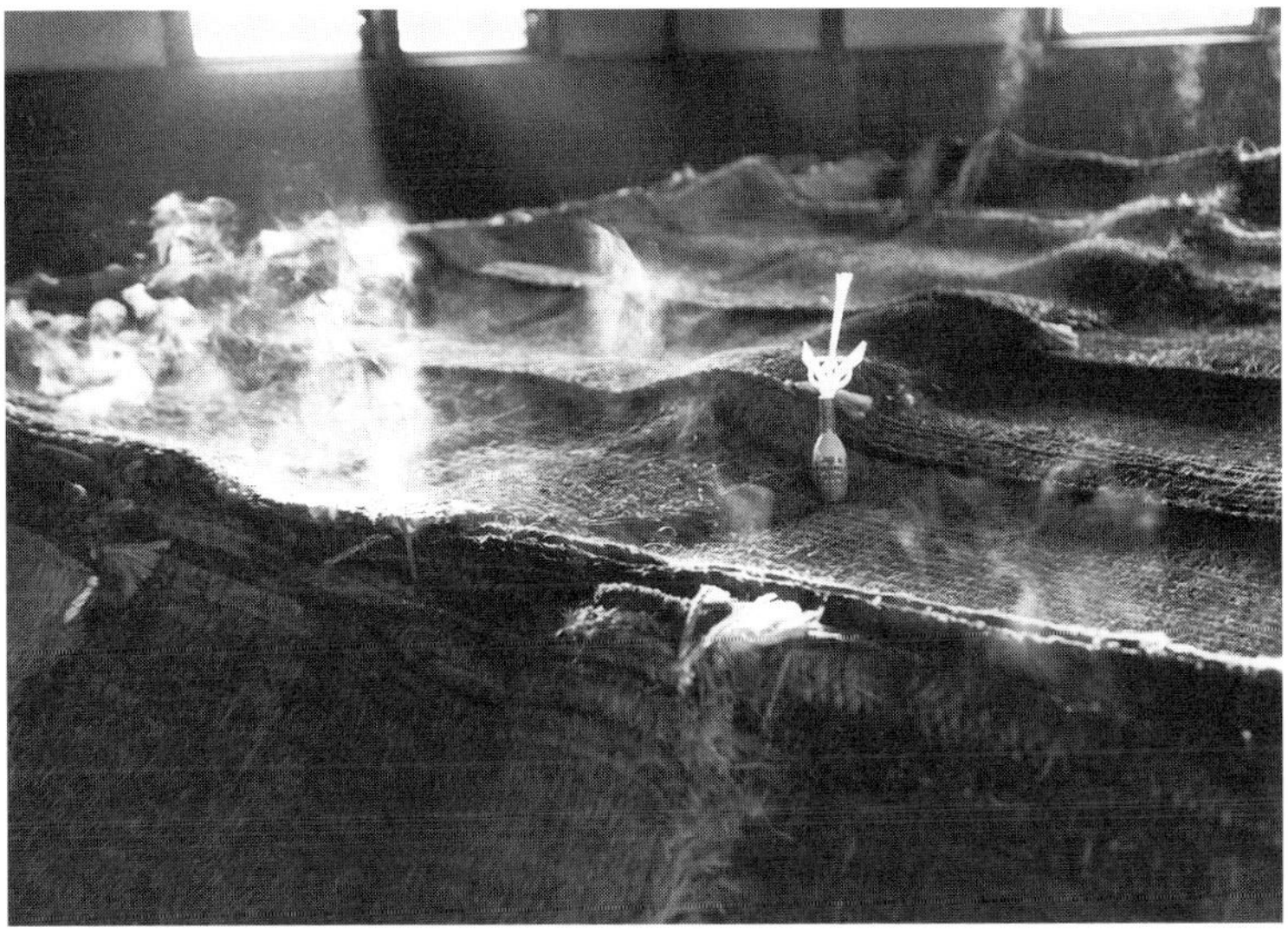

藍染めの原理──還元と酸化によるインディゴの生成

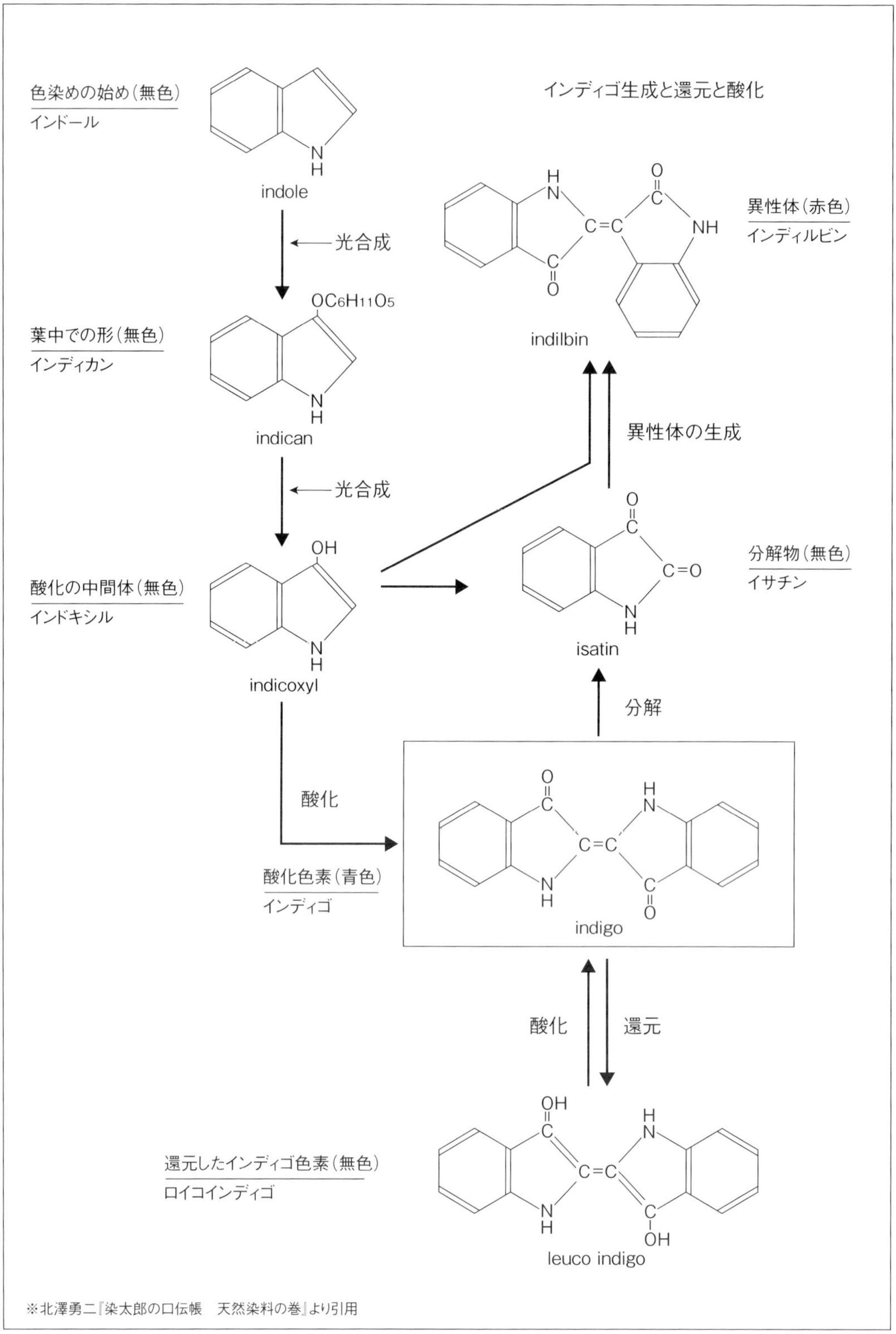

4 章

新世代の藍利用

徳島県・城西高校発！次代へつなぐJAPAN BLUE！

——高校生による「阿波藍」の伝統継承と6次産業化

■阿波藍に取り組む高校生―徳島県立城西高等学校

私の勤務する徳島県立城西高校（前身は徳島農業高校）では、2010年2月に、阿波藍を保存・伝承し、さらに振興しようと、農業を学ぶ農業科学科（現在は植物活用科）で藍を選択した生徒たちの手により、「阿波藍6次産業化プロジェクト」をスタートさせた。

このプロジェクトでは、学校農場の一角で4a（400㎡）を藍畑としタデアイの栽培に当たるほか、天然染料蒅《すくも》の製造、そして伝統技法である「天然灰汁《あく》発酵建て」による本藍染めに取り組み、さらにそれを生かした商品の開発と販売にいたる一連の授業が構想された。

プロジェクト開始から9年を経た現在は、植物活用科の阿波藍専攻班（2、3年生）が中心となって学習活動に取り組んでいるが、本藍染め体験を通した交流活動や、本藍染め商品の販路拡大などを契機にして、国内にとどまらず、韓国や台湾などのアジアを中心とした海外の方々との交流も盛んになってきた。

徳島県立城西高等学校の概要

所在地	〒770-0046　徳島県徳島市鮎喰町２丁目１番地
電話（代表）	088-631-5138
創立	1904（明治37）年 徳島県立農業学校として創立、1956年徳島県立徳島農業高等学校、さらに1997年に徳島県立城西高等学校に改称となる
現在の設置学科	生産技術科、植物活用科、食品科学科、アグリビジネス科、総合学科の５学科
在籍者数	513 名
	徳島市のシンボル「眉山」の西側の麓に位置し、県内農業高校の中心校として115年の歴史と伝統を誇っている

正門前の落羽松《らくうしょう》大樹

城西高校のオリジナルタグ。藍製品すべてに付けている

■栽培編（1次産業）

◎蒅《すくも》づくりには一定量以上のアイが不可欠——反収250kg目指して栽培拡大

発足当初は4aであった栽培面積も徐々に拡大し、現在では20a（2000㎡）に約7000株を栽培するまでになった。タデアイはタデ科の一年草で、生育には多くの養分と水分を必要とする。現在は、佐藤阿波藍製造所の19代目藍師・佐藤昭人、20代目藍師・佐藤好昭の両氏に、タデアイの栽培から天然染料蒅の製造にいたるまでを指導いただいている。そのなかで、蒅の品質向上には熟練した伝統技法もさることながら、一定量以上の原料「葉藍」（乾燥葉）が必要であることも学んだ。つまり、乾燥葉を発酵させて蒅をつくろうとしても、少量では発酵が思うように進まず、上質の染料にはならないということである。タデアイの栽培面積を拡大してきたのも、このような理由からである。蒅原料である葉藍の収量の目安としては、10aあたり250kgを目標としたい。

20aのタデアイ畑（5月末のようす）

●土づくり

◎牛糞完熟堆肥は反当10t

上質の蒅製造には上質の葉藍、上質の葉藍を採るにはまず土づくりであると師匠の佐藤氏はいう。私たちは、毎年1月下旬から2月上旬にかけての1年で最も寒い時期に、藍畑への元肥施肥を行なっている。元肥には、牛糞の完熟堆肥を使用しており、10a当たり約10tもの堆肥を投入するのである。現在は、栽培面積が20aとなったため約20tもの堆肥を、生徒が一輪車で藍畑全体へ広げていく。この光景も今では、この時季ならではの風物詩となっている。事前に生徒には「堆肥」とだけしか言わず、実習終了後に「じつは牛糞でした」と伝えるようにしている。女子生徒が大半を占める植物活用科では、先に牛糞であることを知らせてしまうと、大きな戦力ダウンにつながりかねないからである（笑）。実際のところは完熟の堆肥なので、ほとんど臭

牛糞完熟堆肥の施用

いはない。

◎連作のため多目の元肥施用――苦土石灰、油かす

元肥にはこの他、苦土石灰400kg、油かす200kgも一緒に散布する。化成肥料は使っていない。本来、タデアイは貪欲に土壌中の養分を吸収し尽くしてしまうため、連作には向かない植物とされている。そのため、農場全体の作付け計画の関係で毎年同じ畑を使用せざるを得ない私たちの場合は、多すぎるのではないかと思われるほどの元肥が必要となるのである。

元肥は畑全体へ均一に広げることが重要である。以前、牛糞堆肥が厚めに散布されていた場所のタデアイが枯れたことがあった。これは、俗にいう肥料焼けではなく、乾燥による枯死だったのである。牛糞堆肥には「おがくず」が使用されており、畑の通気性や排水性を改善してくれる効果もある。しかし、堆肥が均一に散布されず厚く残っている場所は早く乾燥し、定植したばかりの苗は枯死してしまう。このようなことから、堆肥を広げる生徒は責任重大である。寒さが厳しい時季の実習であるが、頭や背中から湯気が立ち上るほど真剣に取り組むようになった。

元肥の施肥後は、トラクターで深めに耕耘し、約2か月間寝かせておく。そして、定植の2～3日前にもう一度細かく耕耘し、定植に備える。

●種蒔き・育苗――セルトレイによる

徳島の藍師（佐藤阿波藍製造所の場合）は、ツバメが飛び交うようになった3月の第1週ごろに種を蒔く（大安吉日に行なうことが多い）。本来、苗は畑の一角に苗床を設け、種子をばら蒔き、川砂などで薄く覆土をした後、土壌表面を木の板などで叩いて固め、こまめな灌水や除草を重ねながら草丈が約20cmになるまで育苗する。

私たちの場合、学校農場に苗床を設ける余裕がないことと、育苗のしやすさなどを考慮し、セルトレイ（128穴）に種を蒔き育苗管理を行なっている。栽培面積が20aとなった現在は、

セルトレイを使っての種蒔き

トレイで育つ苗

ガラス温室での育苗管理

補植用も含め70枚のセルトレイで苗を準備している。2月下旬、セルトレイに種蒔き培養土を均一に詰め、種蒔き器で1穴あたり5粒程度になるように種を蒔いている。1セルが1株となるので、最初の種蒔きで粒数にばらつきが生じると、後の収穫量に影響を及ぼすことになるので、粒数の少ないセルにはピンセットで種を補充している。生徒には、土づくりとともに種蒔きがその年の葉藍の収量を左右することにつながることを理解させるように努めている。

種蒔き後は、バーミキュライトで種が隠れる程度に覆土し、十分に灌水しながらセル苗が5cm程度に生育するまで無加温のガラス温室内で管理している。以前、種蒔き後の灌水の際、「たっぷりと灌水してやってね」とだけ言って生徒に任せていると、水の勢いが強すぎて半分以上の種が流出してしまい、再度種蒔きをやり直したという苦い経験がある。それからは、セルトレイへの灌水の際は「やさしく灌水してね」と言うようにしている。

種蒔き後約1か月でセル苗の草丈は5cm程度になるが、そうなると定植までの約10日間は藍畑の環境に慣らせるために屋外での育苗に切り替える。

●定植・栽培管理

◎株間40cm、畝間80cm

4月上旬、春季休業中の2日間を利用して阿波藍専攻生2、3年生合同による苗の定植実習をする。株間40cm、畝間80cmの間隔で定植を行なう。巻き尺を引っ張る2人、苗を置いていく1人、殺虫剤を根元に散布する1人、根に土をかける2人、根元をつま先で踏み込んでいく2人と、8人が協力して実習を進

定植時の苗

圃場に定植された苗

めていく。2年生にとっては、阿波藍専攻としての最初の実習であるため、要領をつかむのに少々時間がかかる。2年生が約50mの1畝を終える頃、3年生はすでに3畝目に突入している。さすが3年生で「2年生！　しっかり土をかけてやらないと枯れてしまうよ！」とアドバイスのつもりで叫ぶ。しかし、2年生にとってはプレッシャーである。私は「先輩は、昨年の失敗からみんなにアドバイスをしてくれているんだよ」と優しく諭す。このような光景が毎年繰り返されている。

◎定植時の灌水は十分に

定植後は、灌水、除草、中耕、土寄せ、害虫駆除などの管理作業をこまめに重ねていく。灌水にいたっては、株間や畝間を避けて1株ごと丁寧に行なう必要がある。これは、根の活着を促し雑草の発生を抑制するためであり、畑の南北に設置したタンクの水をジョーロでくみ取り、実習服の前面を濡らしながら進めていく。25人の生徒が横一列になって灌水していっても、2時間の授業時間内に終わらないこともある。それくらい灌水は十分に行なう必要がある。

◎定植後しばらくは丁寧な除草が必要

栽培管理で最も大切にしたいのが除草である。私たちは、天気の良い日はまず除草と決めている。雑草が小さいうちに、できるだけ丁寧に除草しておくことは、後々の実習に大きく影響してくる。以前こんなことがあった。苗の定植後、しばらく長雨が続き、好天になった日は実習がなく、畑に入れないことが3週間続いた。その間にタデアイよりも雑草のほうが生育旺盛となり、除草が追いつかない事態となったのである。その年の収穫時は雑草も一緒に刈り取り、後で仕分けをするという二度手間となってしまった。そうなると大きな時間のロスにもなり、葉藍の品質にも大きく影響したのである。そのことを大きな教訓とし、除草実習を積極的に行なうこととした。株間の除草だけでもしっかり行なっておけば、畝間は管理機でカバーできるものである。

中耕・除草　雑草が小さいうちに丁寧に行なう

中耕・除草　畝間は管理機でできる

◎メイガとアブラムシ対策

「蓼食う虫も好き好き」というが、実際にタデアイに被害を及

ぼす害虫は多い。特に、メイガとアブラムシの防除は必須である。毎日の観察を怠っていると、気が付いた頃には葉の表面がテカテカと光り輝くほどにアブラムシが大量発生していることがある。藍師の佐藤氏より、病害虫の防除には殺虫剤を積極的に使用することを教わり、まるで野菜を栽培しているかのように定期的に薬剤散布を行なっている。当然、収穫予定日の10日前までには最後の散布を完了しておくように心がけている。できることなら、無農薬栽培を実践したいところであるが、害虫の大量発生を目の当たりにすると、葉藍の収量減だけは避けたい思いでシブシブ散布している。

◎6月中旬の「一番刈り」、草丈40～50㎝

6月中旬、草丈が40～50㎝になったところで1回目の収穫「一番刈り」である。当初は、生徒がカマを持って手刈りで行なっていたが、10aをすべて刈り終えるのに3日もかかるうえに生徒の体力の消耗も著しかった。栽培面積の拡大に伴い、手作業による収穫は合理的ではないと判断し、近隣の工業高校（県立徳島科学

一番刈り　草丈40～50㎝になっている

技術高等学校）や、県立農林水産総合技術支援センターなどにご支援いただき、「タデアイ刈取り機」を製作してもらった。この刈取り機を使用すると、手刈りで3時間もかかっていた1畝の刈り取りを2分で終えるのである（20aを約1時間で完了）。実に画期的なマシーンの導入は、大幅な労力の軽減と実習時間の短縮につながっている。

◎追肥――一番刈りの後に窒素施用

私たちは、9月上旬に「二番刈り」を行なうが、一番刈り後の追肥（硝安・硫安）と灌水を十分に行なわないと二番刈りの収量に大きく影響する。炎天下での灌水は体を酷使するが、渇水にあって枯死させることを思えば自然と力も湧いてくる。

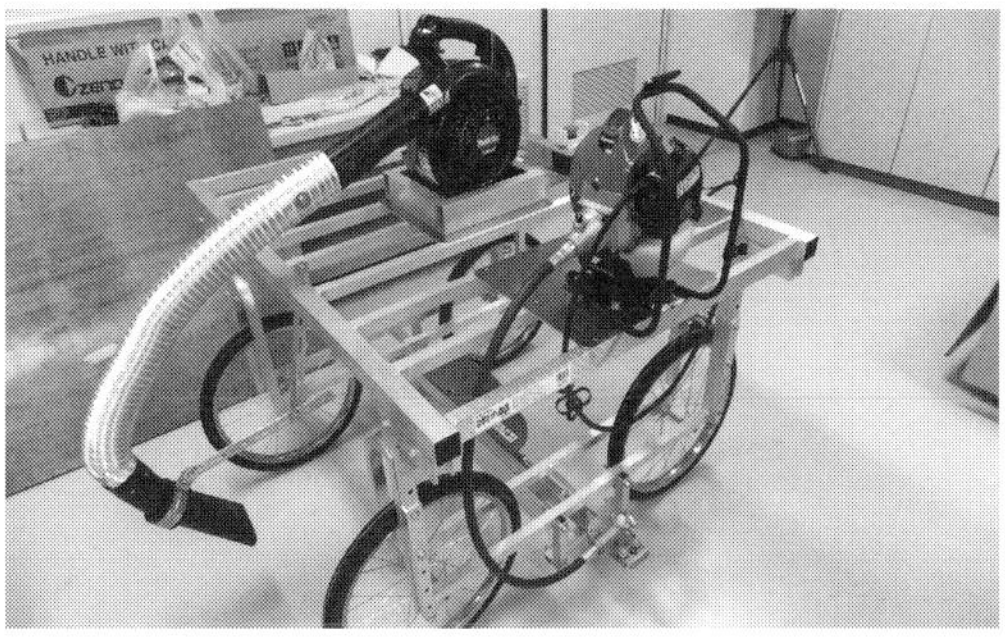

刈取り機　徳島科学技術高等学校や徳島県立農林水産総合技術センターとの協働で開発された。前輪後輪の間に刈り取り用ヘッジトリマーが配置されている

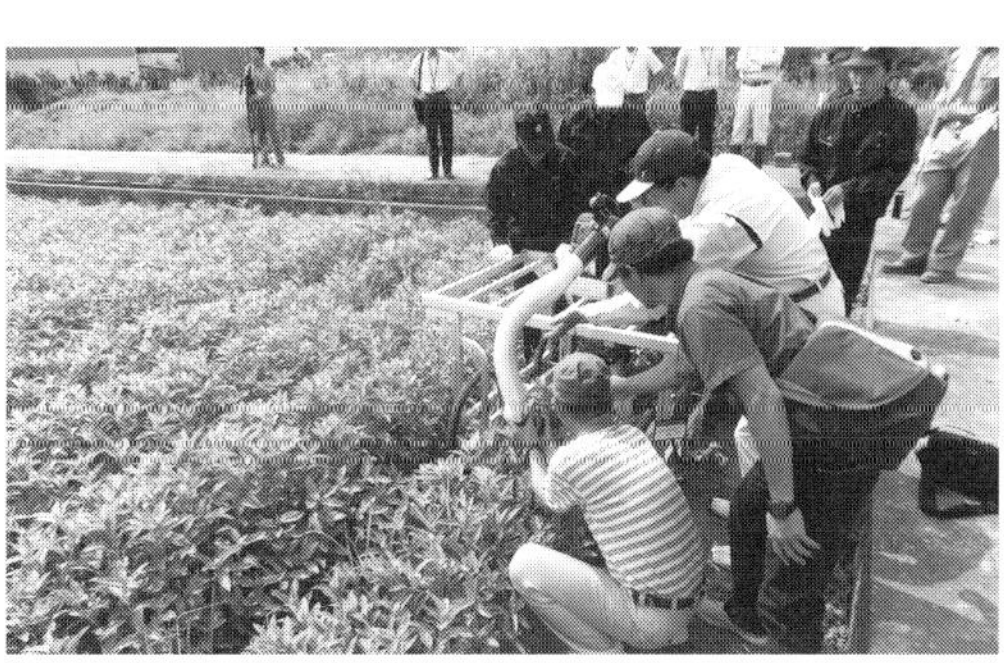

手刈りでは1畝3時間かかったが、刈取り機だと2分で終わる

ここまでがタデアイの栽培（1次産業）に関することであるが、発足からこれまでの10年間に少しずつ栽培方法や種蒔きの時季などを変更してきた。これは、定期考査や学校行事などを考慮し、生徒の実習時間を確保するためである。

■加工編——藍粉成しから蒅づくりへ（2次産業）

◎藍《あい》粉《こ》成《な》しとは

藍粉成しとは、収穫したタデアイを動力粉砕機で細かく粉砕し、大型扇風機で飛ばして葉と茎とに分ける作業のことである。前述のとおり、私たちは6月中旬と9月上旬の2回タデアイを収穫する（一番刈り・二番刈り）。地方気象台の週間予報で連続して2～3日以上の好天が発表されると、授業の時間割表とにらめっこ。場合によっては、他の授業時間をいただいて実習することもある。真夏の炎天下を利用してのこの実習は、過酷以外の何物でもない。

動力粉砕機で細かく裁断し、大型扇風機で茎と葉を選別する

◎乾いた葉にする

前日に刈り取ったタデアイは、一晩藍畑に放置しておく。そうすることにより葉の水分がある程度抜け、運搬しやすくなり、何よりも風で飛ばした時に茎と選別しやすくなる。生徒は一抱えにしたタデアイを黙々とトラックまで運ぶ。南北50ｍ、東西40ｍの藍畑も炎天下では広大に思えてくるものである。

校内の藍粉成し場へ運搬したタデアイは、2台の動力粉砕機（通称：チッパー）で3㎝程度に細かく裁断する。機械の排出口から勢いよく飛び出したタデアイは、大型扇風機の風により、葉だけが飛ばされ炎天下で熱せられたコンクリートの地面を転がる。更に乾燥を促すために、生徒が竹ぼうきで掃き転がす。気温35℃近い炎天下では、2～3時間もあればカラカラに乾燥した濃い青緑色の「葉藍」となる。2℃の収穫で得られる「葉藍」

チッパー2台で裁断する

炎天下でコンクリートの地面の葉を竹箒で転がす作業はきつい

は約400kg。佐藤氏は「この栽培面積だと500kgを目標にしたいね」とおっしゃる。生徒には、「刈り残しや積み残しは、畑にお金を落としたのと同じ！　1本たりとも無駄にするな！」といっている。ある生徒は、一握りのタデアイを私のところへ持ってきて「先生！　これなんぼ（いくら）？」と。正直返答に困ってしまった（笑）。炎天下に行なうこの実習は、阿波藍を学ぶ生徒にとっての登竜門ともいえよう。生徒の体力や時間割などを考慮し、藍粉成しは2～3日に分けて行なっている。

葉藍（乾燥葉）乾燥を終えた藍の葉

●寝せ込み

◎葉藍の発酵――100日で15回の切り返し作業

寝せ込みとは天然染料である蒅の製造のこと。葉藍を寝床と呼ばれる土間に山積みし、水分を加えて発酵させていく。発足当初は、劣悪ともいえる環境での染料の製造であった。幅180cm、奥行き3mの水稲用の用土置き場を間借りし、そこへ田土などを練った土間を設置していた。通常、寝せ込みは風雨の影響を受けない納屋の中で行なわれるものであるが、少々強い雨なら吹き込んできて土間が湿ってしまうことも珍しくなかった。また、寝せ込み中の発酵温度をできるだけ維持するために、毛布を掛けてやったり、発泡スチロールで囲ってやったりと余計な手間がかかっていた。

生徒の活動が進むにつれ、本校の阿波藍への取り組みは徐々に認知されるようになり、阿波藍に関する施設・設備を整えていただけるまでになった。土間は、徳島農業高校時代に畜産の堆肥舎だった施設へ新設していただいた。広さも以前の3倍以上となり、寝せ込みの環境は十分に整った。

蒅は葉藍を発酵させてつくる

寝床のある施設。元は畜産科の堆肥舎だった

◎5日ごとの水打ち・切り返し

一番刈りの葉藍で寝せ込みが始まると、均一に発酵させるために、通常は5日ごとに水を打ち、「切り返し」という撹拌を行なう。私たちの場合は、時間割の関係で1週間ごとに行なっている。この切り返しの際に打つ水の量が肝心で、染料製造農家には藍師と長年の経験を積んだ水師と呼ばれる職人がおり、熱・水分・臭いを五感を頼りに管理する、いわば打ち水の番人がいるくらいである。佐藤氏からは、「打ち水のやり過ぎに注意して、切り返しは手際よく迅速に!」と教えていただいた。これは、水が多すぎたり、時間をかけすぎたりすると、せっかく上昇していた発酵熱を下げてしまい、発酵不順になるからである。こうなると染料「蒅」の品質に大きく影響し、藍師にとっては死活問題ともなりかねないのである。

19代目の佐藤昭人氏は言う。「60年以上もの経験を重ねてきても、切り返しの前日は気になって寝れんのじゃ」。染料づくりの奥深さを痛感させられた一言であった。

◎二番刈りの葉藍を混合

一番刈りの葉藍の発酵が進むと、二番刈りの葉藍を混合する。(藍師は三番刈りまで行なっている)さらに発酵が進むと、目に刺さるような強烈なアンモニア臭が発生し、発酵温度は70℃にまで達する。染料を生み出す土間は神聖な場所とあって、実習は素手・素足で行なう。通常、藍師は「四ツ熊手」や「はね」(藍師自家製の道具)といった切り返し専用の道具を使用するが、私たちは「レーキ」と「テミ」と「素手」である。

最初に葉藍全体に均一になるように打ち水を行ない、レーキで細かく崩していく。発酵がピークに達するのは11月上旬。室温も1桁の場合があるが、葉藍を崩していくと真っ白な湯気が勢いよく立ち上

寝せ込み(1)　打ち水　水の量を加減する

寝せ込み(2)　レーキで細かく葉藍の山を崩す

寝せ込み(3)　強烈なアンモニア臭のなか、素手でさらに細かく粉砕する

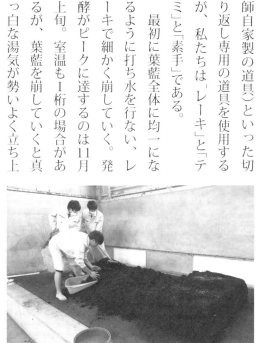

る。同時に目に刺さるようなアンモニア臭が襲う。熟練した藍師でさえもむせぶほどの強烈な臭いであるから、生徒にとっては想像を絶する事件である。レーキで土間の表面付近まで崩すと、そこからは素手で細かく粉砕していく。全体を細かく崩し終えると、また成形しながら積み上げていく。切り返し実習開始から約40分で完了する。

◎アンモニア臭気と格闘しながら100日間

額には汗が光り、手足は真っ黒である。最初は、「もう、無理！」「お風呂に入りたい！」と連呼していた生徒も、5回目の切り返し実習を過ぎた頃から率先して動くようになる。「嫌だ！」といっても逃れることのできない阿波藍専攻生としての宿命のようなものと気付くからである。そして何よりも、美しい染色のために欠かすことのできない染料を自分たちでつくっているという誇りにも似た感情が芽生え始めるのである。実習後、制服に更衣をしても全身に臭いが染みついているため、教室での授業中は周囲の級友から「クサイ！」「今日も切り返ししたん？　相変わらず強烈やなあ」などと突っ込まれているようである。阿波藍専攻生にとって、この切り返し実習が最も印象深いものとなる。蒅の完成までは、約15回の切り返しを重ね、およそ100日を要する(葉藍の量により期間の長短あり)。

■染色編――天然灰汁発酵建てによる染色(2次産業)

◎本藍染め―苛性ソーダやブドウ糖に頼らない伝統技法の習得

この伝統的な染め液づくりの技法については、本藍染矢野工場藍染師・矢野藍秀氏からご指導をいただいている。

ここでは、藍建て(染め液をつくること)の技法の詳細については、染色家によりその技法(手法)は様々であるし、企業秘密的な部分もあるので触れないでおく。じつは、矢野氏と佐藤阿波藍製造所の20代目藍師・佐藤好昭氏は、徳島農業高校の同級生であり、後輩たち(本校阿波藍専攻生を中心とした生徒)の取り組みについていつも気にかけていただき、卓越したその伝統の技を惜しげもなく母校のために、後輩たちのためにと伝授していただいているのである。

当初、私が前任者からこの取り組みを引き継いだ際には、本校の藍染に使用していた染め液には、苛性ソーダ(劇物)やブドウ糖(食品添加物)を使用し、染め液完成までの時間

伝統技法に取り組む以前の染め液づくり。苛性ソーダ混入で染め液完成までの時間は短縮できるが、素手で行なうと皮膚がぼろぼろになる

短縮を図っていたのである。最初、そのことを知らなかった私は、素手で染色実習を行ない、両手の皮膚がボロボロになってしまった。そのことを矢野氏に伝えると、「先生が生徒に本物を教える気があるのなら、うちに通って来たらええ。私の持っているすべてを教えてさしあげましょう」と仰っていただいたのである。それからしばらくの間は、放課後や休日を利用して矢野工場へ通い詰め、伝統の染め液である「天然灰汁発酵建て」についての技術を学ばせていただいた。染色関係の道具についても、矢野工場で使用しているのと同じ物を買い揃えていったため、本校の染色実習室は、ほぼ矢野工場のコピーとなった。

◎大谷焼1石5斗の藍甕を設置

染色に使用する藍甕《あいがめ》については、これも徳島の伝統産業である「大谷焼」の窯元に依頼し、最終的には4基を設置していただいた。1基の容積は1石5斗（約270ℓ）あり、空の状態でも約80kgもあり、すべてがハンドメイドであることから、注文から納品までに2か月近く要する。元々は農業機械の実習室であったスペースを染色実習室へとリユースしていたため、当初は１００ℓと２００ℓのプラスチック製のタンクが無造作に設置され、狭く薄暗い環境の中で染色実習を行なっていたのであるが、こちらも生徒の活動が活発化してきたのを機に施設・設備を整えていただいた。

藍建て(1)　蒅を藍甕に投入。大谷焼の藍甕4基を設置した

◎藍染めのメカニズム――ロイコ体インディゴと藍還元菌

そのすべてを天然素材にこだわる伝統の染め液「天然灰汁発酵建て」は、単なる染め液としてではなく、「生き物」として扱わなければいけないことに気付かされる。蒅の中に含まれるインディゴという青い色素は真水には溶け出しにくく、強アルカリ性の溶液（ここでは灰汁：木灰に熱湯を入れてできた上澄み液）での還元作用により「ロイコ体インディゴ」という形で溶け出してくる。その際に活躍するのが、元々「蒅」に宿っている「藍還元菌」という細菌（バクテリア）である。じつは、溶け出したロイコ体インディゴは黄色の色素である。藍甕の中で布に付着させたロイコ体インディゴは、甕から出した際、空気中の酸素に触れ、酸化作用により青い色素「インディゴ」に戻る。これが、藍染めのメカニズムである。

◎染師の2・5倍の時間を要した染め液完成

染め液をつくることを「藍建《あいだ》て」というが、通常は藍建て開始から染め液完成までにかかる日数は、1週間から10日である（藍師が製造した蒅を使用した場合）。しかし、２０１４年度までの本校で製造した蒅を使用すると、こううまくはいかなかった。液の発酵が順調に進まず、待てども、待てども次の工程に移ることができない。「この蒅では無理なのだろうか」と、諦めかけた時に発酵の兆しを確認するという日々が続いた。結局のところ、染め液完成となったのは、藍建て開始から25日目のことであった。「天然灰汁発酵建て」に初めて成功したという喜びよりも、「やっと完成した」という安堵感のほうが強かった。

◎寿命も短い「染め液」――原因は「蒅」の発酵不足

やっとの思いで完成させた染め液も、その寿命は短く2か月も使用できないこともあった（藍師の蒅を使用した染め液は平均して3～5か月間染色が可能）。この原因にはいくつか挙げられるが、一番の原因は、蒅が蒅になりきれていなかった、つまり、「寝せ込み」ので発酵が途中で止まっていたということである。劣悪な環境の中で、しかも少量の葉藍を発酵させていくことは、今となれば無謀ともいえる行為であったのかも知れない。また、以前は除草も十分でなかったため、タデアイ以外の植物片も多く混入していたのである。蒅の品質を向上させることが急務であった。

その後、佐藤氏や矢野氏からのご助言や、設備の改修などにより本校製の蒅の品質も徐々に向上し、２０１５年度以降、藍建ての日数と染め液の寿命は大きく変化している。現在は、藍建ての日数は11日間（1年間の平均）、染め液の寿命にいたっては、半年以上染色できることも珍しくなくなった。常々、生徒に説明していることを紹介させていただく。

「藍師から蒅を購入すると、1俵（56㎏入り）が11万円（税別）。それを半年以上寝かせて余分な水分を飛ばして藍建てに使用する（その頃には33㎏程度になっている）。1つの藍甕に使用する蒅は、1俵の半分、つまり約6万円分ということになる。この6万円で長く染色することができれば、経済的である。私たちは、この染料を自家製造している。だからといって雑に扱ってはいけない。染色にいたるまでに染料の品質向上のために先輩たちがどれだけの苦労と時間を要したかをしっかりと知ってほしい。そして、みんながつくる染料も後輩たちへと確実につながれていく。だから、一気に大量染色せず計画的に優しく接してほしい。生き物だから」。こんなことを伝えている。

●本藍染め

◎本藍染めの特徴

前述のとおり、以前は添加物などに頼っていた本校の藍染めであるが、矢野氏からのご指導により伝統的な「天然灰汁発酵建て」が可能となった。それを機に「藍染め」から「本藍染め」へと改称し、高校生が伝統技法の継承に日々奮闘していることを強くアピールするようにしている。

本藍染めは染める対象となる生地を強くするほか、洗うごと

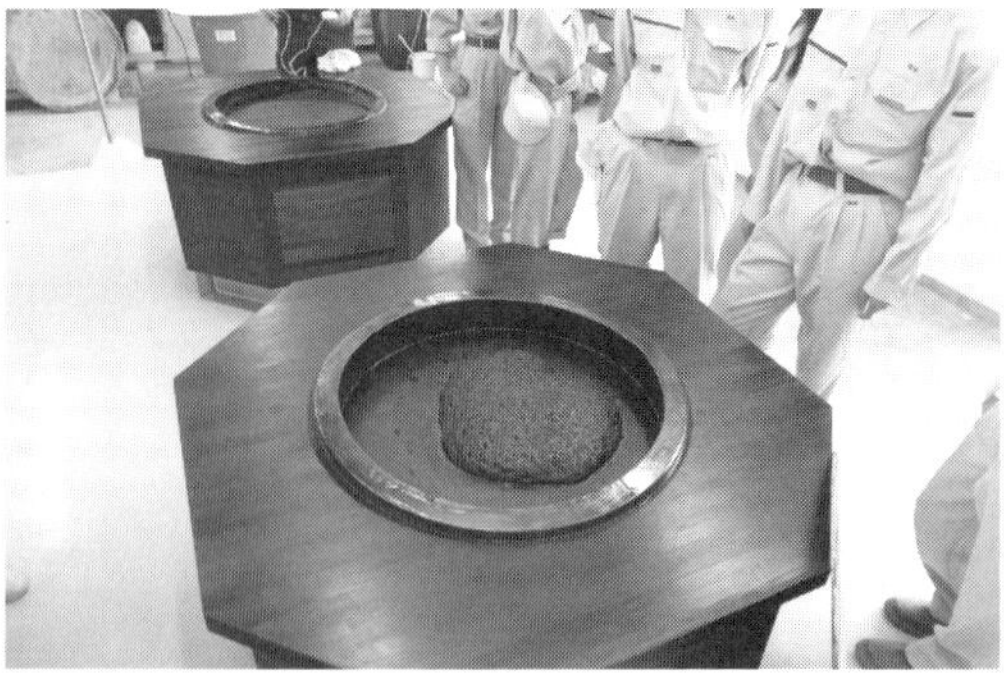

染め液　藍甕の表面には「藍の華」ができた

藍建て（2）　灰汁を加える

本藍染めの実習（1）　綿布を甕の中に浸けこむ

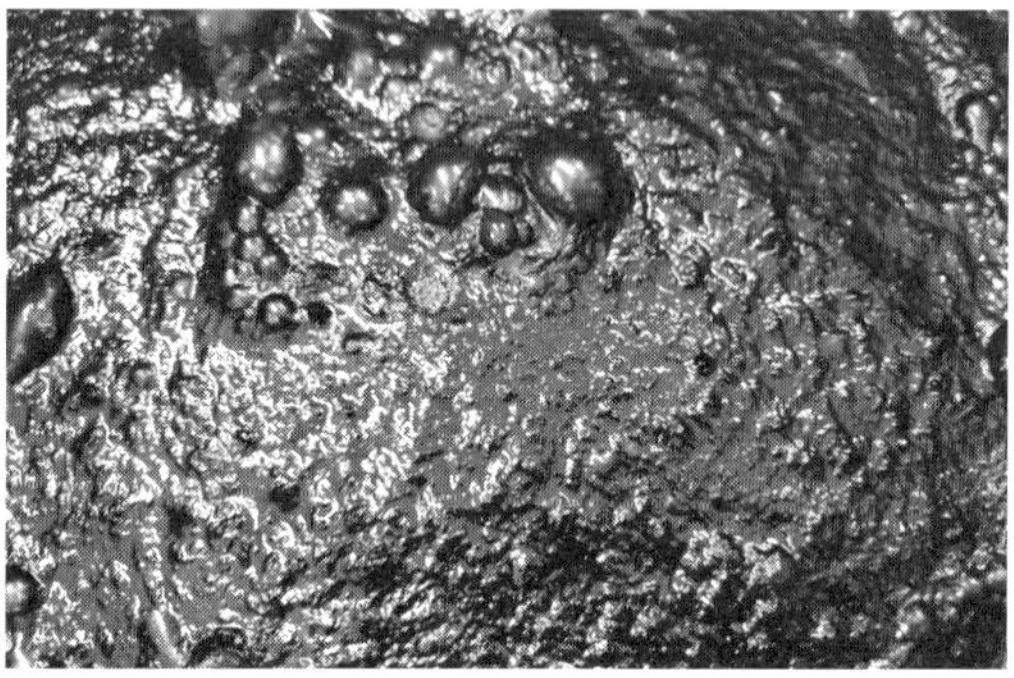

藍建て（3）　発酵中の藍甕の表面

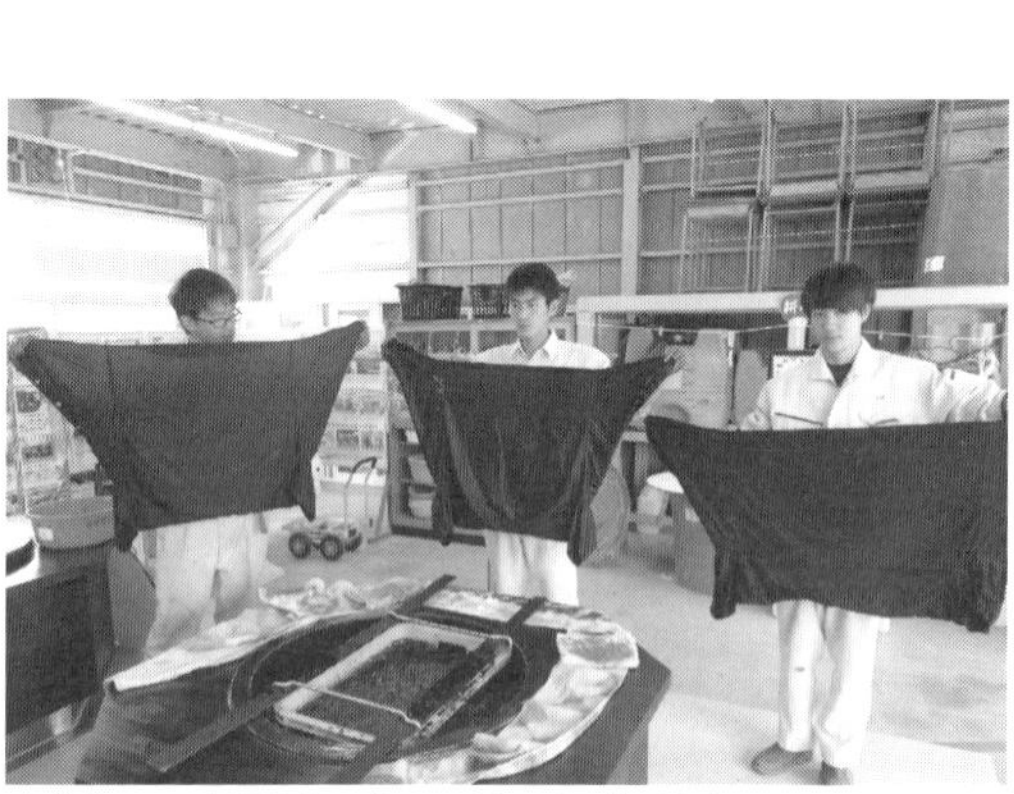

本藍染めの実習（2）　甕から引き上げた綿布

にその色合いを変化させる（少しずつ色落ちする）などの特徴があり、それこそが本藍染めの奥ゆかしさや魅力であるといわれている。

◎藍色48色

　単に藍色や紺色といってもそのカラーバリエーションは豊富である。「藍48色」（藍白に始まり、浅葱、青藍、紺青、留紺 などなど）ともいわれている。古くからそれぞれの藍色に名前を付け、生活に溶け込ませて楽しんでいた先人たち。これこそが日本人の感性といえよう。

　ある生徒が染色の実習中に「先生、今日は何回染めても藍色にならないです」といってきた。そこでこう返した。「きれいな藍色が出ているよ。これは縹《はなだ》っていう藍色に近い

様々な藍色に染めたワイシャツ

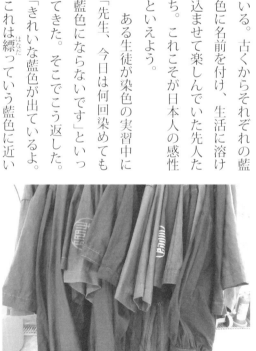

ね」と。きょとんとした様子の生徒。そこで初めて藍色には48もの種類があることを知ったのであった。授業中に私の話をよく聞いていなかったと見えるのは、まことに残念ではあるが。

■商品開発・販売編（3次産業）

●藍染め商品のイメージを変える

◎「高価」「昔のもの」――藍染め商品のイメージ

本校が取り組む「阿波藍6次産業化プロジェクト」の学習も、売れる物を製作しなければそれまでの苦労が水の泡となるので、商品開発やその製作に当たっては真剣そのものである。

以前、生徒に「藍染め商品についてのイメージ」について聞いたことがある。それによると、「古くさい」とか「年寄りが着用するもの」、さらには「高価な物」や「昔の物」といった予想以上に取りつきにくい存在であることに気付かされたことがあった。逆に、「日本の宝」とか「美しい」といった前向きな意見もあったが、ごく少数であった。

このような現状を打破しなければ、伝統産業の衰退は加速する一方であると考え、私たちは商品の製作に当たり、生徒の意見を反映するよう努めている。「かわいい」をコンセプトにした年もあれば、「かっこいい」をテーマに取り組んだ年もあり、その中で自然淘汰されて長く支持されている物を本校の逸品としてさらにブラッシュアップしながら上質な商品づくりに取り組んでいる。

◎ブラシュアップの例――「つまみ細工」やミサンガ

例えば、染色を失敗してしまい商品にならない生地を、「つまみ細工」として再利用し成功している例がある。これは、生徒の保護者につまみ細工の専門家がおられ、生徒からの受け売りが発端であった。生地をカットし、ピンセットや糊で花びら一枚一枚を丁寧につくっていく。色も様々である。できあがった花びらをいくつも組み合わせて一輪の花が完成する。ヘアピンやストラップなど、生徒の発案により「つまみ細工」のレパートリーは一気に増え、今もなお老若男女から愛される商品となっ

つまみ細工のヘアピン。染色生地をカットし、一枚一枚糊付けして形をつくる

缶バッジのヘアゴム

つまみ細工のストラップとヘアピン

ミサンガ。機織りの余り生地を活かす

ている。1枚500円で販売している木綿のハンカチから、3個から4個のつまみ細工をつくることが可能で、イベントなどで1個500円で販売しても完売する時もあるほどだ。このように、廃棄せずに付加価値を付けて蘇らせることで大きな収益につながっている。よく似たケースとして、機織りの際に出た余りの糸を編んで、ミサンガやストラップを製作したところ中高生に大人気の商品となった。今もなお、「ミサンガを売ってほしい」というリピーターからの声があるほどだ。

◎木綿織りの試み

また、こんなこともあった。木綿の糸を染色し、機織り機で生地を織り、それを加工してポーチやポシェット、巾着などを製作したことがあった。これは、家庭科の教員に被服の専門がいたからこそ実現できたことであった。機織り機で12mの生地を織るのに2か月以上かかり、その生地でできあがったポーチや巾着はわずか10点であった。1点5000円以上の値を付けないと割に合わない話である。労力の割には利益につながらない物は、いくら良いものであったとしても長続きはしなかった。実際に、その教員が退職されてからというもの、機織りはパタッと止まってしまったのである。

◎ヒット商品「マフラータオル」と「バンダナ」

最近のヒット商品が「マフラータオル」と「バンダナ」である。それぞれの商品には、「2020東京オリンピック・パラリンピック」の公式エンブレムに「藍色」の組市松紋《くみいちまつもん》をデザインされた野老《ところ》朝雄氏が、徳島の藍産業の振興のためにとデザインし

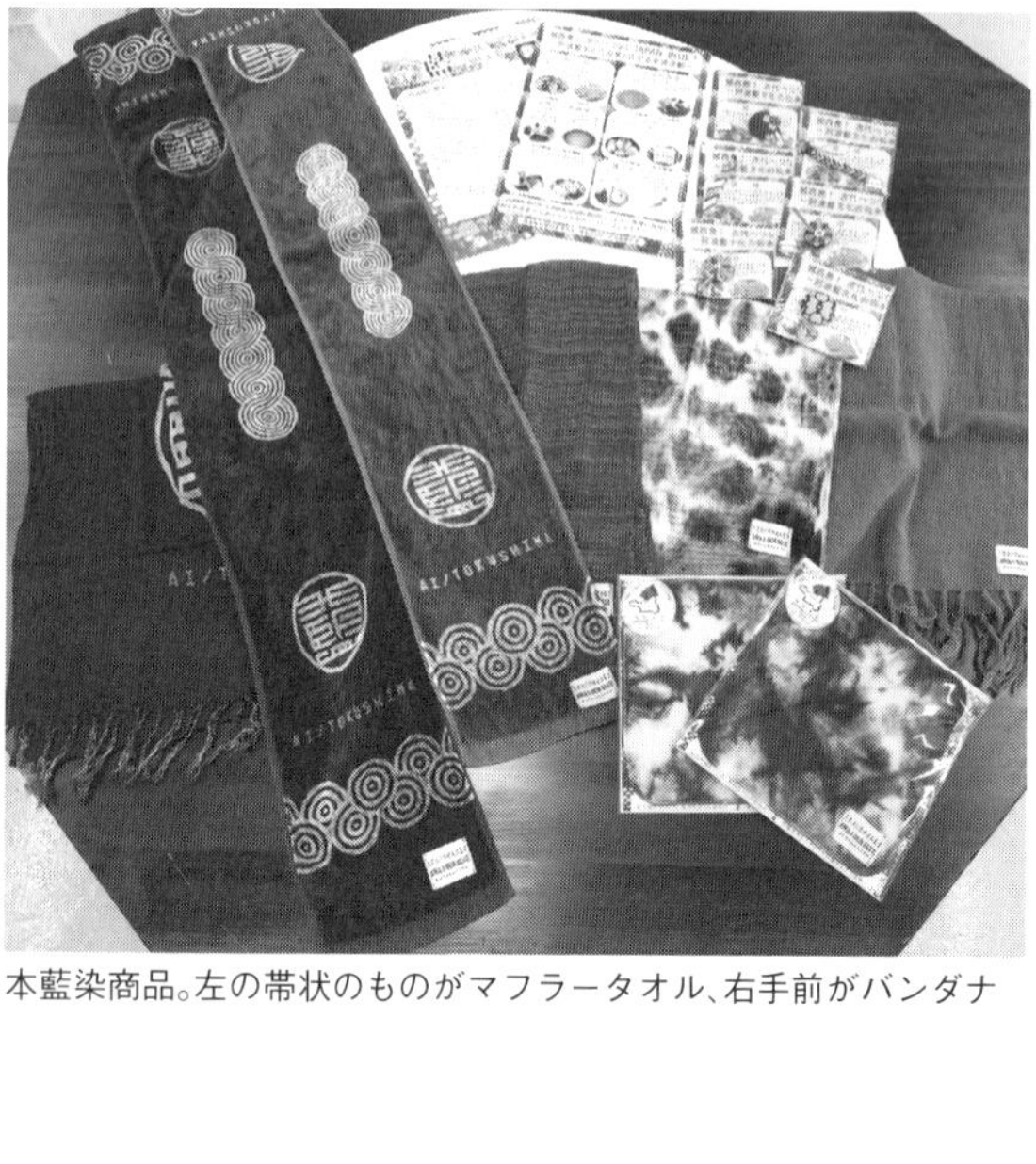

本藍染商品。左の帯状のものがマフラータオル、右手前がバンダナ

本藍染商品。新元号をデザインしたバンダナが人気商品に

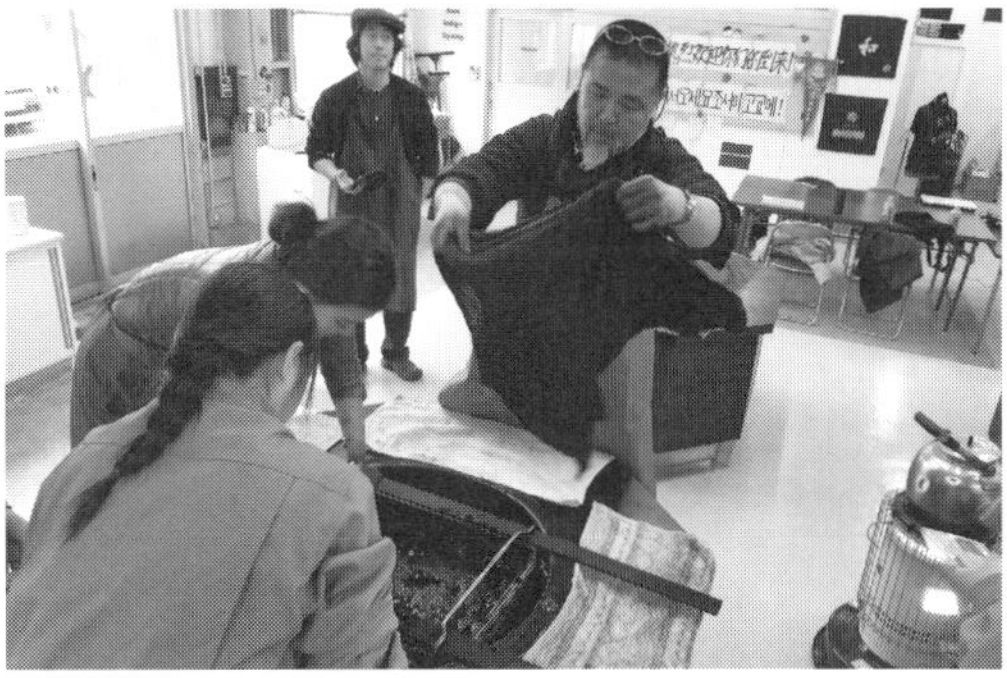
本校で本藍染めを楽しむ野老朝雄氏

来校された野老朝雄氏とデザインされたロゴマークを前に

たロゴマークを、抜染(藍染めした生地を特殊な糊で漂白して模様を出す)という技法であしらっている。これには本野老氏も喜んでくださり、本校に度々足を運び応援していただいている。また、バンダナについては、新元号「令和」を抜染であしらったところ爆発的な人気商品となり、生産が追いつかない状況である。

◎オリジナルタグ付きの定番商品と認知度アップ

この他、Tシャツやストール、タオルハンカチといった商品を定番化し、一つ一つの商品の品質向上を図っている。商品の定番化は、本校のオリジナル商品の認知度アップにもつながっており、イベントに出店すると、わざわざ遠方からお目当ての商品を買い求めに来ていただけるようになった。これらの商品一つ一つには、すべての工程に一貫して取り組んでいる生徒の熱い思いを乗せた本校オリジナルの「タグ」を縫い付け販売し、さらなる認知度アップを目指しているところである。

◎「食べる藍シリーズ」クッキー・マドレーヌ・フィナンシェ、パウダー粒子の大きさ

藍に関する商品は何も染色に限ったことではない。近年では、「食藍」が注目され、それに関する商品が次々と出回るようになった。本校でもその動きを見過ごすわけにはいかず、阿波藍を学ぶ植物活用科と、食品加工を学ぶ食品科学科とが連携し「食べる藍シリーズ」の商品開発にも取り組んでいる。

食藍については、染料用の藍畑から離れた農場の一角で、無農薬栽培を行なっている。収穫したタデアイの葉だけを丁寧に水洗いし天日乾燥させた葉藍を、障がい者就労支援施設へ持ち込み「藍パウダー」にしていただく。それを購入して食藍シリーズに使用しているという仕組みだ(本校が取り組んでいる「農福連携」の一環)。

3校協働開発による藍のクッキー

3校協働開発の「食べる藍シリーズ」。藍のマドレーヌとクッキー

生地に練りこむ藍パウダー粒子の大きさで試行を重ねた

当初、パウダーの粒子の大きさについては再三協議を重ねた。2㎜、0・7㎜、0・3㎜の3種類のパウダーで、配合割合10％と5％の「クッキー」や「マドレーヌ」、「フィナンシェ」といった洋菓子をつくっては食味検査を重ねた。度重なる試作と食味検査とで、スイーツ好きの生徒もさすがに笑顔を失っていた。最終的には0・3㎜のパウダーを5％配合したものに決定し商品として売り出した。

◎藍ジェラート

また、このパウダーを配合した夏限定の「藍ジェラート」も人気を集めている。ジェラートを口にしていただいた方からは「抹茶？　違うなぁ。お茶の風味の香ばしさがいい！」と、好評を得ている。これには地元のメディアも注目し、テレビの生番組出演や、新聞紙上などにも掲載していただいた。おかげで、商品について問い合わせる電話が毎日鳴った。なかには、県内の老舗製菓店から「パウダーを譲ってほしい」との要請もあったほどである。ただ、この「食藍」には一つ難点がある。加工食品を大量生産できるほどパウダーを確保できないことである。阿波藍専攻班にとっての主力はあくまでも染料「染」である。食藍については二の次といった扱いにせざるを得ないのである。また、無農薬栽培により寄生した害虫を、丁寧に洗浄していくのも大変な作業となる。虫嫌いな女子生徒が多いので、この時は「ワー

藍ジェラート

ワー」「キャーキャー」と実習にならないくらいである。そのようなことから、ひと夏で確保できるパウダーは3kgが限度となっている。実に貴重なパウダーとなっている。

◎「エエモン(良品)」を売り込むスキルアップ

これらの商品の販売については、校内の販売所をはじめ県内外の様々なイベントなどで行なっているが、それに先だって広くコマーシャルしておくことが重要である。イベントのチラシの中に「城西高校の阿波藍専攻班」などの文字や商品の写真などを入れていただいたり、地元のテレビ局や新聞社などのメディアへ積極的に働きかけを行なうように心がけたりしている。

「エエモン」(良い物)を製作しても、それを売るための努力を怠ると6次産業化は完結しない。1次産業に従事する者が一番苦手としてきたところかも知れない。しかしこれからの時代は、自分がつくった「エエモン」を自分で売り込んでいく力やスキルが必要になってくるのかも知れない。

●工業高校や商業高校との連携——「6次産業化プロデュース事業」

阿波藍に関する取り組みは、学校間での協働にも発展している。4年前にスタートした「6次産業化プロデュース事業」(徳島県教育委員会主催)では、農業・工業・商業を学ぶ生徒が協働し、テーマに沿った新商品を開発し販売するところまでを一貫して行なっているのである。この事業の重要なポイントの一つとして、商品開発に携わる者は、生産(栽培)から加工、そして販売にいたるまでのすべての工程にかかわることである。そうしないと6次産業化の条件をクリアしたとはいえないのである。

◎労力軽減・時間短縮で画期的な「タデアイ刈取り機」

発足当初より、徳島市内の3校(本校、徳島科学技術高校、徳島商業高校)のテーマは「阿波藍」。これまでに、「染色部門」「機械部門」「食藍部門」でユニークな商品が生み出されている。特に、この事業で開発された「タデアイ刈取り機」は、労力軽減と時間短縮とを実現させた画期的なマシーンとなった。マシーン完成まで徳島科学技術高校が中心となり、3校の生徒が知恵を出し合い、改良や微調整を重ねて完成までこぎ着けた。現在は、この1号機にさらに改良を加えた2号機の完成を目指しているところである。

◎「食藍シリーズ」

また、食藍シリーズについても3校の生徒が藍畑で収穫したタデアイの葉を洗浄し、乾燥させるところからかかわった。本校の食品科学科にも協力していただき、3校協働の食藍シリーズを完成させることができた。この商品には、この事業で作成したオリジナルロゴのシールを貼り、県内外の様々なイベント会場で販売を行ない、3校協働の取り組みと食藍を積極的にP

Rしているところである。

●台湾での販売とＰＲ活動「海外ビジネスマーケティング事業」・「台湾徳島フェア」

２０１６年度、生徒が心を込めて製作した本藍染め商品を、海外で販売するチャンスを得た。県教育委員会の「海外ビジネスマーケティング事業」と、県農林水産部の「台湾徳島フェア」とがタイアップした事業に応募し、実際に台湾のバイヤーとの商談会に参加した。これには、徳島文理大学国際部の先生や学生にもご協力いただき、台湾語のレッスンを行なって臨んだ。商談会は和やかな雰囲気の中で行なわれたが、商品を説明する４人の生徒には笑顔をつくる余裕などあるはずもない。緊張に引きつった表情で片言の台湾語を駆使し、何とか無事に商談会を終えることができた。バイヤーからは、高校生が郷土の伝統文化の継承に取り組んでいることの素晴らしさと、何よりも商品の質を気に入っていただき、見事商談成立。台湾へ渡航することとなった。

台湾のバイヤーとの商談会

会場の商業施設（台北市）では、本藍染め商品の販売をはじめ、自分たちの取り組みを台湾語訳したパンフレットを配布したり、アンケート調査を行なったりした。「ファンウィン　クァンリン（いらっしゃいませ）」「チンカンカン（これを見てください）」など、事前研修で覚えたばかりの片言の台湾語で来場者への呼びかけを行なったが、最初は全く興味を示してもらえなかった。それでも笑顔を絶やさずに呼びかけを続けていると、１人、２人とお客様が立ち寄ってくれるようになり、生徒の声にも元気が戻ってきた。想定以上の売り上げに頬が緩みっぱなしの生徒たちであった。言葉の壁はあったものの、伝えようとする姿勢と笑顔の大切さを再認識させた。

また、来場者へのアンケート結果からは、生徒の取り組みや商品の質について、予想以上の好評価を得ることができたが、逆に、日本や徳島の藍染文化についての認知度の低さが浮き彫りとなり、日本国内だけでなく、海外に向けても積極的な情報発信が必要

台北での販売。アンケートをとりながらの対話交流

であると実感した。

短い時間ではあったが、参加した４人の生徒は台湾の文化や食に触れる貴重な経験ができ、皆一様に渡航できたことに満足していたが、さらに今後の商品づくりに生かそうと意気込んでいたことが印象的であった。決して現状に満足することなく、さらにブラッシュアップさせていこうという生徒の姿勢には私も学ばせてもらった。そのような商品づくりへのこだわりは、先輩から後輩へと着実に受け継がれ、台湾への渡航は昨年度まで３年間続いた。「今年度もぜひ！」と、商談会の開催を楽しみに待っているところである。

■交流・連携活動編

●阿波藍を学ぶ生徒の特権

生徒の取り組みが活発になるにつれ、多方面より多様な藍のカタチを模索するための連携や、イベントなどへの参加や製品の提供などの要請も増えている。徳島県庁内だけでも教育委員会をはじめ、６つもの部局との連携を行なっていたり、徳島市をはじめ周辺自治体が開催する阿波藍関連のイベントへ参加したりなど、こちらから問い合わせる前に先方から参加の要請があるほどである。

具体的には、「カルチャーニッポン　シンポジウム」（主催：文化庁、共催：徳島県／県民環境部）でのトークイベントへの生徒の参加や、７月の「とくしま藍推進月間」を前に、県教育委員会の先生方のワイシャツを染色したり、地元プロサッカーチーム「徳島ヴォルティス」のホームゲームイベントへ参加したりなど、生徒たちは一年中引っ張りだこの忙しさである。

日米お笑い漫才師「パックンマックン」とのイベント

サッカーJ2「徳島ヴォルティス」ホームゲームイベントステージ

現在、徳島県が阿波藍のPRや伝統文化の振興に力を入れているのには、大きなきっかけがあった。それは先に紹介したように、オリンピックの公式エンブレムに野老朝雄氏のデザインによる「藍色」の組市松紋が採用されたことであった。

野老氏は、徳島の藍産業の振興の一助にと様々なロゴマークをデザインしてくださっており、本校の本藍染め製品にはこの

テレビの生番組にも出演

ロゴマークを積極的に取り入れるようにしている。野老氏も、生徒の取り組みに強い関心を持ち、時折来校してはエンブレム誕生についての貴重なお話をいただいたり、生徒と素手で藍染めを体験して手を青くしたりと、実にサービス精神旺盛な方である。

　このように、様々な場面で多くの著名人などとの交流ができるのも、阿波藍を学ぶ生徒の特権と言ってもいいだろう。

●本藍染め体験

蒅の完成が新聞や地元テレビ局などで取り上げられたことをきっかけに、「城西高校で藍染め体験ができる！」という情報は瞬く間に地域に広がり、様々な交流活動へとつながっている。近隣の幼稚園や支援学校をはじめ、趣味で染色をされている一般の方、さらには内閣府特命担当大臣や消費者庁長官、文化庁長官、徳島県知事など今では年間に３００名以上の方が本藍染め体験で本校を訪れている。

　毎年の恒例行事となっている国際交流もある。徳島文理大学国際部主催の「日本語・日本文化研修」で来日する韓国と台湾の大学生や高校生、総勢60名が2班に分かれて来校し、阿波藍専攻生との本藍染めを通した交流も今年で5年目を迎える。片言の日本語が通じるため、和気藹々の雰囲気の中であっという間に時間が過ぎる。徳島文理大学の先生曰く、「高校生が日頃取り組んでいることを説明してくれたり、一緒になって染色を楽しんでくれたりするところが大きな魅力」ということである。今後も、この貴重な交流を継続できるよう、生徒のコミュニケーション力とプレゼン力の向上に努めたい。

染色体験。学外から年間300人以上の申し込みがある

　この他、県が主催するイベント会場へ本校の染め液を持ち出して「出前藍染め体験」を行なうこともある。多くの来場者は、そこで初めて「えっ、城西高校でも藍染め体験ができるの？」ということを知り、口伝えに来校者数が増加している状況である。一方、「学校へお邪魔するのは敷居が高くて……」という方が多いことも事実である。しかし、『試しに一回だけ』と思って来校された方が、今度はご友人を誘って来校するというリピーター

が増加している。これは生徒にとっても、本校の本藍染めが認められたという大きな自信につながる。「いつでも、誰でも、気の済むまで」というスタンスは崩さずに続けていきたいと考えている。

●藍の種子ネットワークづくり

2011年1月にスタートしたこの取り組みは、全国の『タデアイを育てて染色をしたい』という方に本校で採種したタデアイの種子を配布するものである。インターネットで「藍の種子」と検索をかけると、本校ホームページの「藍の種子の発送について」にヒットする仕組みだ。これまでに、47都道府県より通算で2250件（2019年5月現在）を超えるご応募をいただいており、今もなお1日に1通以上の割合で応募の封書が届いている。やはり、大都市圏からのご応募が多く東京都が全体の1割以上を占めている。応募者の多くは、個人の染色愛好家や保育園、幼稚園、小中高等学校といった学校関係者、なかには、東日本大震災の津波で藍畑を失った農家の方もいた。ほとんどのケースが、簡単な「生葉染め」を目的とされた方であり、返信用封筒には生葉染めの方法をまとめたパンフレットも同封させていただいている。

藍の種子応募の封書

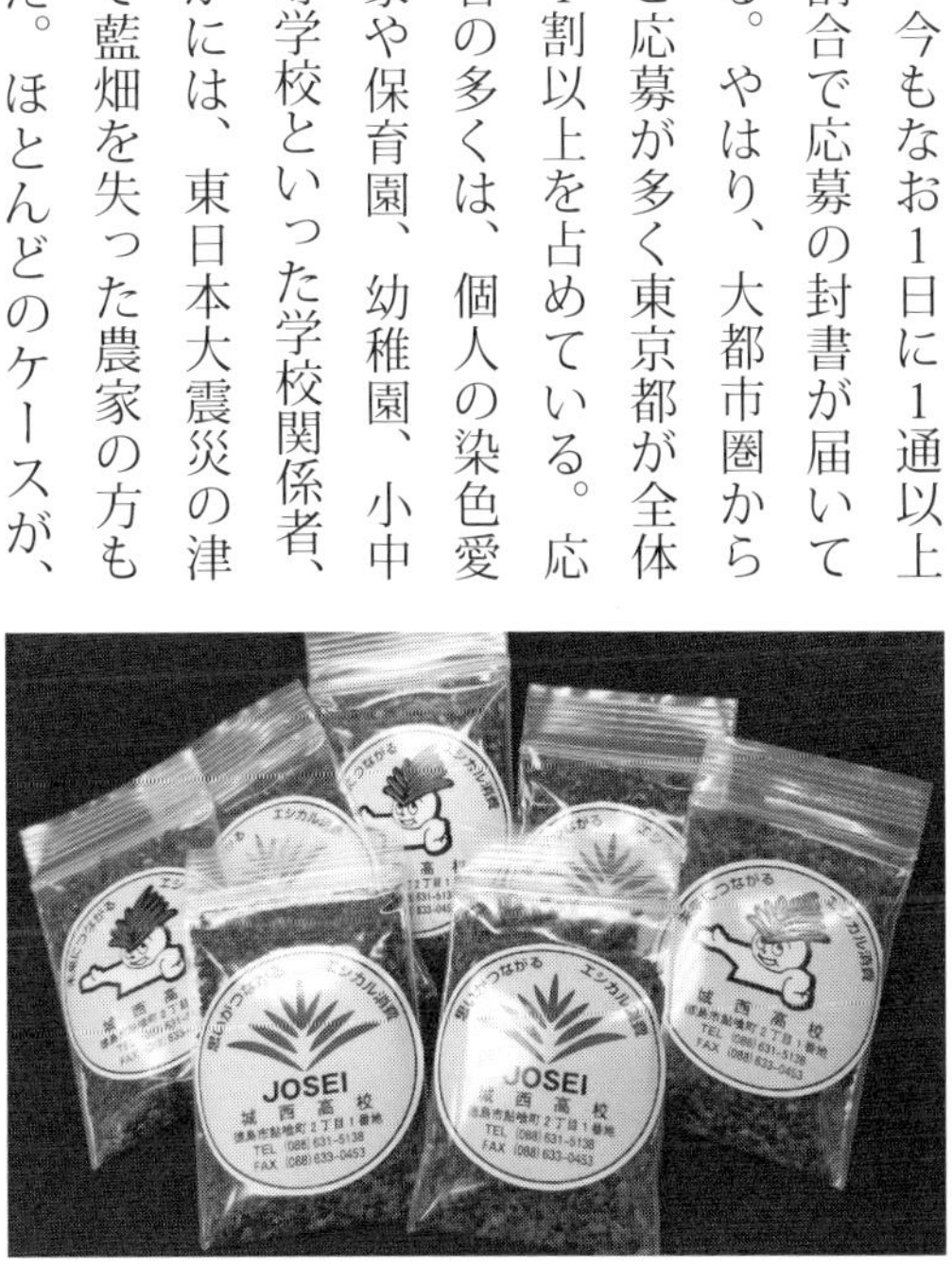

城西高等学校発の藍の種子

このネットワークでつながった方から、栽培についての質問や近況報告が寄せられることも楽しみの一つである。なかには、園児の直筆による写真付きのお手紙が送られてくることもあり、阿波藍専攻生の頬を緩めている。

この他、遠くは長野県から実際に本校の施設や農場を見学し、本藍染めを体験に訪れたご夫婦もおられるなど、小さな「城西大使」が、本校と全国各地とを結ぶ重要な役割を担ってくれているのである。

●課題と展望

本年度でちょうど10年目を迎える本校での「阿波藍6次産業化プロジェクト」。取り組みが深まれば深まるほど、大きな課題も見えてくる。「高校卒業後、藍に関係する仕事に就きたい。」という希望者が出てくるようになった。実に嬉しいことである。しかし、習得した知識や技術を活かすことのできる就職先を希望しても、新卒者を受け入れてもらえる事業所が少ないという現実に直面する。本校の取り組みは、伝統産業の担い手育成という観点からも重要な役割を担っていると考える。今後は、若い力を受け入れていただけるように進路開拓を積極的に行なうことはもちろん、阿波藍担い手育成に関するサポート体制を整備していく必要があると考える。

染め液づくりに密着取材

また、「6次産業化」であるが故のもどかしさもある。『藍師が行なう蒅の製造工程をもっと見学させてやりたい』とか、『もっと、染色技術について専門家のご指導により深く学ばせてやりたい』さらには、『商品開発にもっと時間が欲しい』と思ってみても、様々な実習や工程、さらには体験交流などを同時展開で行わざるを得ない状況にあり、どれもが中途半端で終わってしまっているように思えてならない。「阿波藍の6次産業化に取り組んでいます！」と、聞こえはいいかも知れないが、一つひとつの工程をもう少し深く掘り下げて学習するためには時間が足りないというのが正直なところである。

現在、地元民放テレビ局が1年間の「追っかけ取材」で阿波藍専攻生徒の取り組みを収録してくださっている。被写体の専攻生徒らは、どのような番組で取り上げられるか、今から心待ちにしている様子である。このことは、世界に誇ることのできる郷土の伝統産業を、次の時代で支えることのできる若い力が確実に育っていることを周知できる絶好の機会と捉えている。

今後も、「次代へつなぐＪａｐａｎ ＢｌｕｅはＡｗａ Ｂｌｕｅ！」という誇りを胸に、本学習活動を生徒と共に継続・発展させていきたい。

なお、タデアイの種子や藍染め製品に関心のある方は、本章冒頭（94頁）にある学校の連絡先までお問合わせいただければ、可能な限りお応えしたいと考えている。

（川西和男）

阿波藍を引き継ぐ——畑で藍を育て色をつくる

株式会社BUAISOU

●藍との出合い

種を蒔くところから、つまり、文字通り一から色を作り出す感覚が藍づくりにはあること、綿麻に染まりやすい天然染料であること、火を使わず発酵による技術を駆使していること、わずか5人の藍師が伝統技術を維持していること、江戸時代から藍は庶民の色であったこと——このようなことを知ったことが、私たちを阿波藍に強い興味を抱かせるきっかけとなった。

2012年から上板町地域おこし協力隊として3年間勤務し、初年度は蒅づくりを教わるために、同じ上板町の5人の藍師のひとり、新居修さんが主宰する新居製藍所で研修させていただいた。収穫量、作業量、蒅の色、強烈な匂い、70℃にもなる発酵熱など藍に関しては知るだけで興奮することが多々あり、食べ物ではないもの(タデアイ)を畑でつくっている姿も新鮮に感じた。

また、夏と冬の作業が大きく違うことに驚いた。夏の晴れの日は毎日続く刈り取り、葉と茎を選別する「藍粉成し《あいこな》」と呼ばれる作業、ビニールハウス内での藍葉の乾燥作業などが連続する。夏の間はずっと「体力勝負の日々」といえるものだった。その夏の作業を終えると、今度は10月から2月まで室内での作業が続く。藍葉の発酵を促す蒅づくりの作業に変わるのである。蒅になるまでの間は、藍葉の匂いや湿り気、温度、色などの変化に対して、経験で培った〝勘〟や感覚による判断を間近で見ることができた。研修を通じて、藍を栽培し蒅をつくろうと思えば、夏と冬では異なるモチベーションが必要だと感じた。

協力隊時代の畑作業。タデアイの定植

株式会社　BUAISOU

所在地:〒771-1347
徳島県 板野郡上板町高瀬355-1
電話:050-3741-0041
代表者:楮　覚郎
事業概要:自社製品の製造、販売、染色委託、藍染め体験、蒅の製造、販売
主な製品:Tシャツ、シャツ、ジーンズ、コート、バッグ、小物類

阿波藍の産地として知られる徳島県上板町を拠点に、藍の栽培から、染料となる蒅《すくも》づくり、染色、製作までを一貫して行なう。

蒅に木灰汁、ふすま、貝灰のみを混ぜて発酵させる伝統技法「地獄建て」で仕込むBUAISOUの藍染め液は、素材を深く冴えた藍色に染め上げ、色移りしにくいという特徴を持つ。商品展開と合わせ、ワークショップや展示など、国内外にて幅広く活動を行なう。

藍畑の管理から蒅づくり、染色品の製作、販売まで一人で行なうのは無理だと研修開始早々で理解した。しかし、植物としてのタデアイから染色品までその全部に触りたい、それぞれの工程にかかわりたい。ではどうすれば実現できるかと思考しながらも、とにかく新居氏の作業についていくことが精一杯の１年であった。

地域おこし協力隊の３年活動期間のうち、残りの２年は、町内の藍染め体験施設で来館者への指導を行ないながら、蒅づくり、藍液管理・藍染技法の勉強、製品制作に励んだ。自分たちでつくる蒅の特徴を掴むために何度も仕込み時の分量を変えるなど、試行錯誤の日々であった。失敗も多くあったが、今では非常に恵まれた環境を与えられていたのだと感謝している。

◎染色工房・製藍所を設立

３年間という協力隊の活動期間で、幸運にも同じ方向を目指す仲間と出会い、この仲間たちと、総勢５名で２０１５年４月に「合同会社ＢＵＡＩＳＯＵ」と「合同会社ＢＵＡＩＳＯＵ.製藍所」を立ち上げた。徳島とニューヨークに拠点をもち、藍師の仕事と染師の仕事が両立でき、さらにデザイン、縫製、最終製品まで仕上げて、販売するまで、一貫生産のスタイルを実現することを目的にした起業であった。

業態としては、自社製品としての小物や衣服、作品の制作と販売のほかに、個人の方や、時には企業からの大口の染色委託もある。私たちの仕事を広く知ってもらうために、企業とのコラボレーションも大事にしている。また、スタートした当初、ニューヨークでも常に藍染体験ができるように、１２０ℓほどのタンク数個と、商品展示スペースを設け、世界中から人々が集まる地で日本の藍の魅力を伝えることに努めた（ニューヨークの店は現在は閉店した）。

ニューヨークスタジオの様子

ロンドンでの藍染体験

◎阿波藍の最盛期の頃をイメージする

徳島県上板町にある工房は、吉野川の北側、土手の道から下りてすぐの場所に位置する。地域おこし協力隊で活動していた頃は、吉野川から数キロ北に離れた山際でタデアイを栽培していたが、「ＢＵＡＩＳＯＵ」として独立後は、どうしても吉野川沿いの畑で栽培したいと望んでいたのである。

かつて藍作は吉野川沿いが特に盛んだったといわれ、ピークは1903（明治36）年の1万5000町歩（現在は約20町歩）。100年以上前には、きっと同じこの地で藍作をしていたのだろうと思える環境が欲しかった。

工房の隣に住む農家のおじいさんに一度、養蚕の古道具を納屋の奥から出して見せていただいたことがある。若い頃は蚕のエサとして桑を栽培していたらしい。明治から大正にかけて藍が衰退すると、みんな桑に転換したという話を聞いていたこともあり、古道具を見たときにはなんとも嬉しく、ここで藍作をしていたのだろうと想像を膨らませたものである。

工房全体。かつての牛舎（その前は校舎）を利用した

◎施設

建物は牛舎を改装したものでほとんどＤＩＹ作業（Do It Yourself 自分たちの手仕事で改装した）ではあるが、地域の方々に多大なる協力を頂き、ビニールハウス、機械倉庫、藍粉成し場、蒅の寝床、染め場、洗い場、縫製場、事務所、休憩室など必要な設備を設けた。とりわけ、染色の作業は一年中行なえるように、900ℓのステンレス槽に電熱線を巻いて温度を常に管理している。

◎作業は分業にしない

メンバーの中では、それぞれの主たる作業をもって担当分けする形態、いわゆる分業体制をとることなく、常に皆が染色、蒅づくり、商品開発・制作に携わる。もともと分業化されていた藍栽培、蒅づくり、染色作業を一貫して行なうために皆が集まったのに、会社内できっぱり細分化したくはなかった。起業から4年を経た今も、一人ひとりの職人が全工程に触れているという環境を継続している。

◎商品コンセプト——ムラのない無地染めを基本に

商品（特に衣類）は、長く愛用してほしいと願っている。このためムラの少ない「無地染め」を施すのがほとんどである。もちろん、糸染め、生地染め、製品染めといかなる状況でも、ムラの出ないような方法を毎度探求している。

「無地染め」以外にも、小物類に染める場合や、オーダー製品、外部とのコラボレーション仕事、作品の制作などで行なう染色技法としては、「型染め」、「抜染」、「絞り染め」、「ロウケツ染め」、「段染め」、「板締め」などがある。恥ずかしながら、これらの染色技法に関して、長期間しっかり学んだわけでもなく、出来栄

衣服の染色。濃い緑色が次第に空気酸化して藍色になっていく

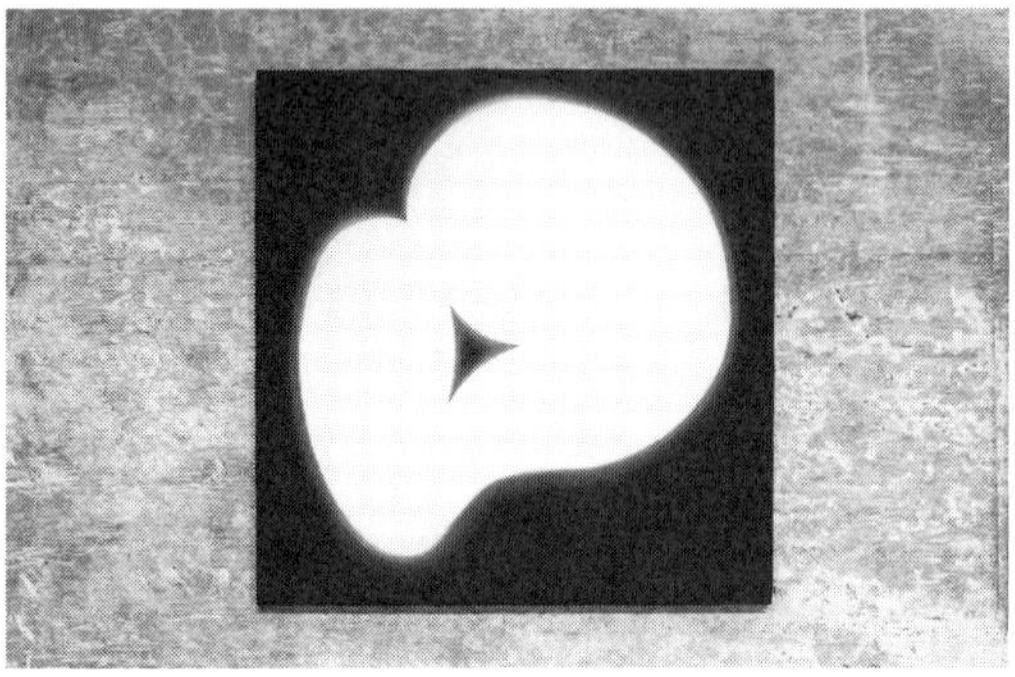

ロウケツ染めの作品。染めの技法のひとつ

えとしてはプロの職人のように完璧なものとはいえないかもしれない。もちろん、少しずつでも上達はしているつもりである。ただ、どんな技法に関しても、その技法にしか出せない〝らしさ〟を見つけ出し、表現することに力を注いでいることは間違いない。

◎藍を栽培し、必要な分の蒅を製造――BUAISOUの一年

蒅はほぼ自分たちが使う分だけを生産しているため、一般の藍師がつくる量とは遥かに少なく桁が違うが、それでも丸一年かかる作業であることに変わりはない。

ＢＵＡＩＳＯＵの年間の作業の流れはこうなる。5月中旬〜9月中旬はとりわけ畑作業に比重が置かれることもあり、この時期は畑と染色作業に集中している。10〜翌年2月にかけての作業では蒅づくりが中心となる。発酵を促す「切り返し作業」は6日に1回の割合になるため、この時期から3月の種蒔きを挟んで4月までは、合間を縫って国内外での展示や出張藍染め体験を行なっている。

海外での藍染め体験は年に1、2か所で行なうようにしており、各国に行くたびに、その地方のかつての藍文化にふれるようにしている。現在も藍を栽培して染めているところは多く、藍の関連施設、現地の職人・農家を訪ねたりすることが毎回恒例となった。

◎藍の栽培を増やしたい――染師はいつも蒅を求めている

タデアイを栽培し蒅になるまでの工程が、世界的に見ても独特な長さを持つせいか、悲しいことに、いまの日本でタデアイの栽培総面積はだいぶ小さいといわざるを得ない。アメリカや中国では大規模に栽培しているところもある。日本が突然、大規模農法を行ない、発酵も機械化で蒅が仕上がってしまったら、それはそれで複雑な思いはあるが、徳島県では「約20町歩」という栽培面積が何十年も続いてきた。この栽培面積の実数が少しでも増えてほしいと願っている。

藍業界全体の視点からみれば、蒅生産量と藍染め需要が最もバランスが取れていない部分である。もちろんＢＵＡＩＳＯＵにとっては、栽培から製品まで一貫しているから関係ない話か

も知れないが、だからこそ問題点も見えてくるということもある。

染師は常に蒅を求めているにもかかわらず、その蒅を製造する藍師が一向に増えないのは、重労働の割に見合った収益が出ないからである。もちろん職人本人が自分の仕事は厳しいですと世に言うわけはないが、だからこそ全行程を行なう自分たちの立場として藍師も、染師も、製作においても、実状をいろんな方々に伝えることが課題だと思っている。嘘をついて出回る藍色が非常に多い。もっと多くの人に蒅からの本物の藍色に触れてほしい。

（梶《かじ》 覚郎《かくお》）

寝床と蒅。蒅づくりにはワラの筵は不可欠

藍の可能性を拓く ——これからの藍利用

●気になる海外藍の動向

◎アメリカ・テネシー州の天然藍

藍の栽培や品種特性に関する海外からのメールでの問い合わせ、当センターへの視察が何度もあることから、天然藍が世界的に再評価されているという実感がある。実際、海外では産業として発展させていこうとする興味深い取り組みも始まっている。

筆者が注目するのはアメリカ合衆国テネシー州のStony《ストーニー》 Creek《クリーク》 Colors《カラーズ》社による取り組みで、大規模なタデアイ、インドアイ栽培を行ない、これらを原料として藍染料（分類的には沈殿藍）をつくるというものである。この染料は主にジーンズをつくるために用いられている。日本でもわずかであるが天然藍を使ったジーンズが生産されているが、これは伝統的な発酵建てによる染色液を用い、手作業で糸を染色するものがほとんどであり、製品は高価なものとなってしまう。

同社の染料の場合、ロープ染色機で効率的に染色（還元剤を用いていると思われる）され、有名メーカーの製品として手ごろな価格で販売されている。ホームページには目標として栽培面積1万5000エーカー（約6000ha）が掲げられており、これにより世界の合成インディゴ染料の2・8％を代替できるとしている。2012年に創業し、17年現在で約180エーカー（約73ha）の栽培面積があるようだ。徳島県がここ10年以上20ha以下であることを考えると流石と言うしかない。もともと葉タバコの産地であったが、諸事情によって代替作物を探していたところ、天然藍にたどり着いたようだ。葉タバコ生産用の大型機械類がそのまま使えるのも有利な点である。

◎アメリカの天然藍製品と日本

ジーンズの本場アメリカで、天然藍を使った製品がつくられることの意味は大きい。しかも、ナチュラル志向ではあっても高級品志向ではない。日本ではお馴染みの「天然藍＝高級品」といった図式とは異なる、新しい提案であると思える。もちろん、日本でも彼らのような取り組みは不可能ではなく、この事例が試金石となるかも知れない。ただしテネシーと大きく事情が異なるのは、すでに蒅を中心とした天然藍産業が存在していることである。テネシーの藍ビジネスモデルは日本の伝統的藍産業にとって脅威となるかも知れない。

しかし、現状日本国内で天然藍製品がほとんど普及していないことを考えると、比較的安価な天然藍製品の存在はプラスになる可能性もある。つまり、天然藍に触れる機会が極端に少ない現状ではなかなか伝統的な藍製品までたどり着かないが、ここに新たな勢力が加わることで全体として購買層が増え、結果、伝統的藍産業も発展していくのではないか、ということである。

これは単なるアイディアにすぎないが、伝統的藍産業だけで奮闘してきた歴史と現状を見ていると、新たな風を取り入れる必要性を感じるのである。今後もテネシーでの取り組みに注目していきたい。

●タデアイの「高品質沈殿藍」の利用

◎オリ・パラが生んだ藍ブーム

東京オリンピック・パラリンピックのエンブレムに藍色が採用されたことが大きな追い風となり、徳島県内ではタデアイを用いた新商品開発が盛んである。新たな動きとして特筆すべきは、当センターで開発中のタデアイ「高品質沈殿藍」による製品開発である。

◎「顔料」としての藍

この沈殿藍は染料用途に開発したものではなく、絵の具や塗料といった顔料として利

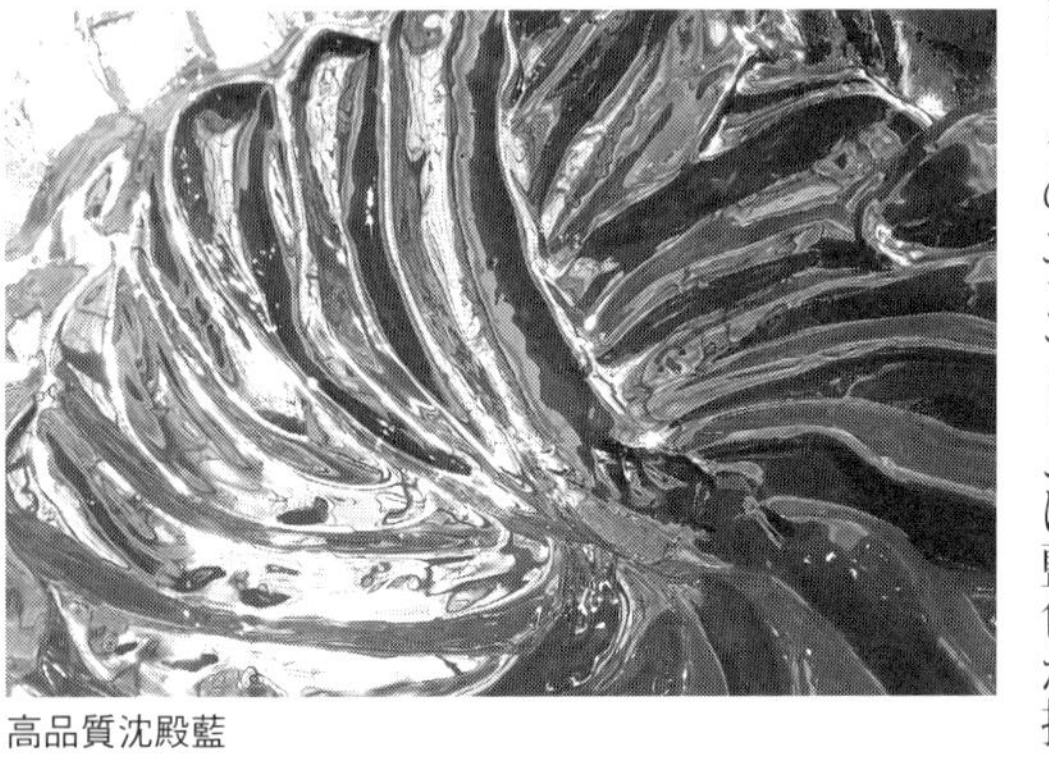

高品質沈殿藍

用するためのものである。したがって「藍染め」に競合するものではない。もちろん染料としても利用可能だが、染色用途なら従来どおりの沈殿藍で十分であるため、この高品質沈殿藍を用いる必要はない。別項でも触れたが、タデアイから沈殿藍を製造する場合、生葉由来の不純物や葉緑素、消石灰の影響で色素含有量が少なく、見た目も緑色が強くなりがちである。生葉の浸漬時間を短くしたり、インディゴを生成するエアレーション時に浮かぶ濃紺の泡を集める、といった工夫をしないと顔料としての用途に耐える品質の沈殿藍を製造するのは困難である。しかも、これらの方法では少量しかつくれないという問題がある。そこで筆者ら研究チームは比較的簡易に、しかも大量に高品質沈殿藍が製造可能な方法を開発中である。

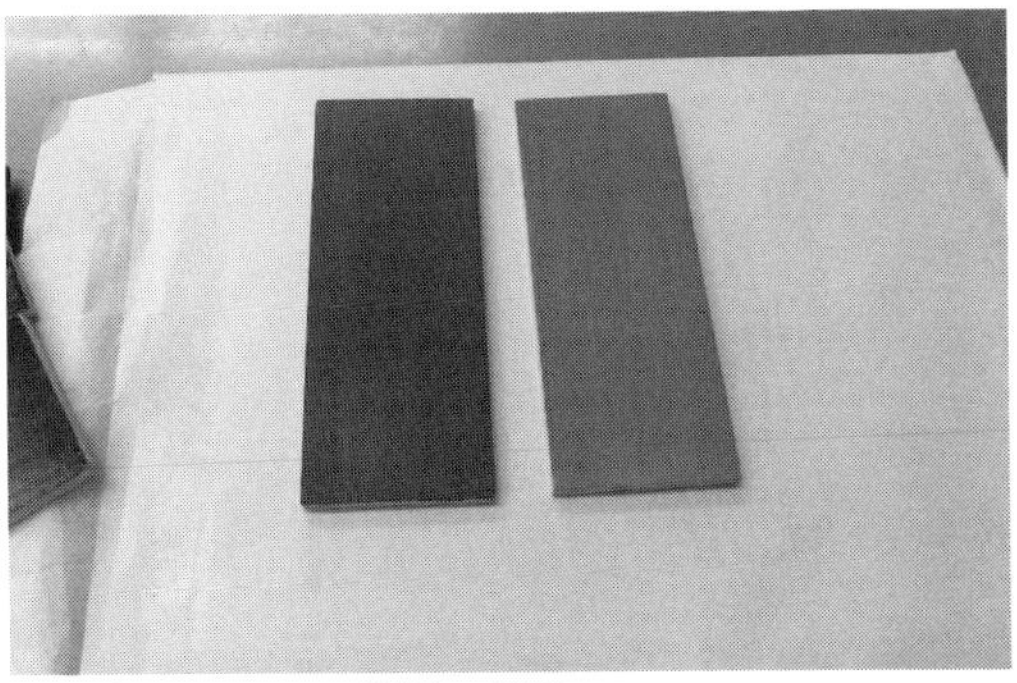
藍顔料をフローリング塗装に活用

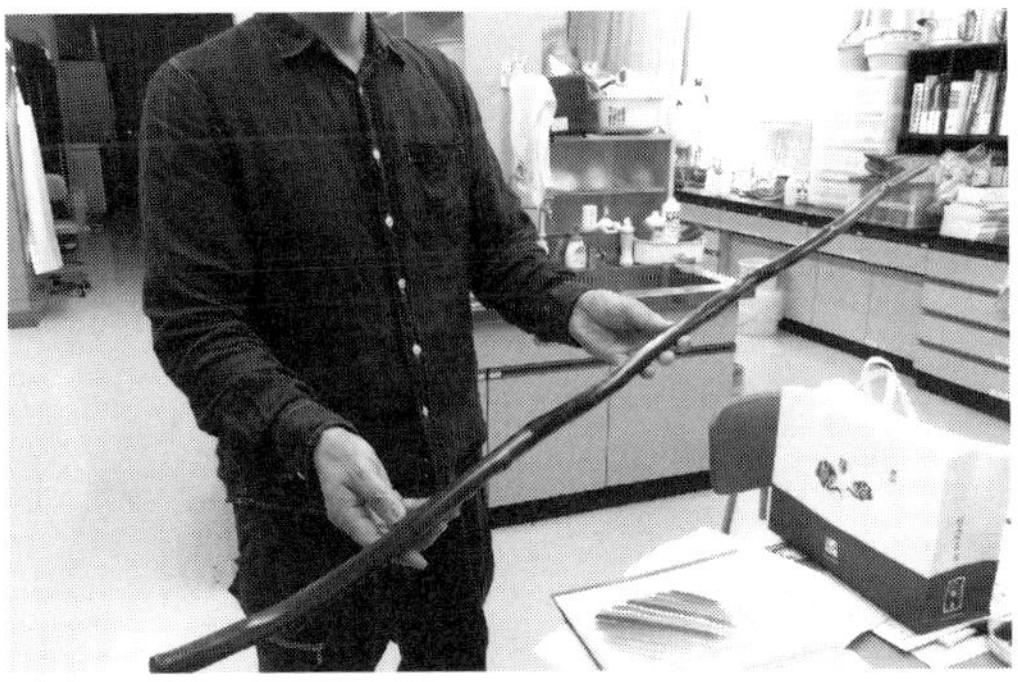
木の枝を藍顔料で塗装する

　基本的な技術はほぼ完成しており、すでに商品に応用されている例もある。フローリング材を沈殿藍で着色した製品を開発した県内企業では、この高品質沈殿藍を自社生産し、製品に使用している。また特殊な例として、医薬品に利用しようとしている企業もある。

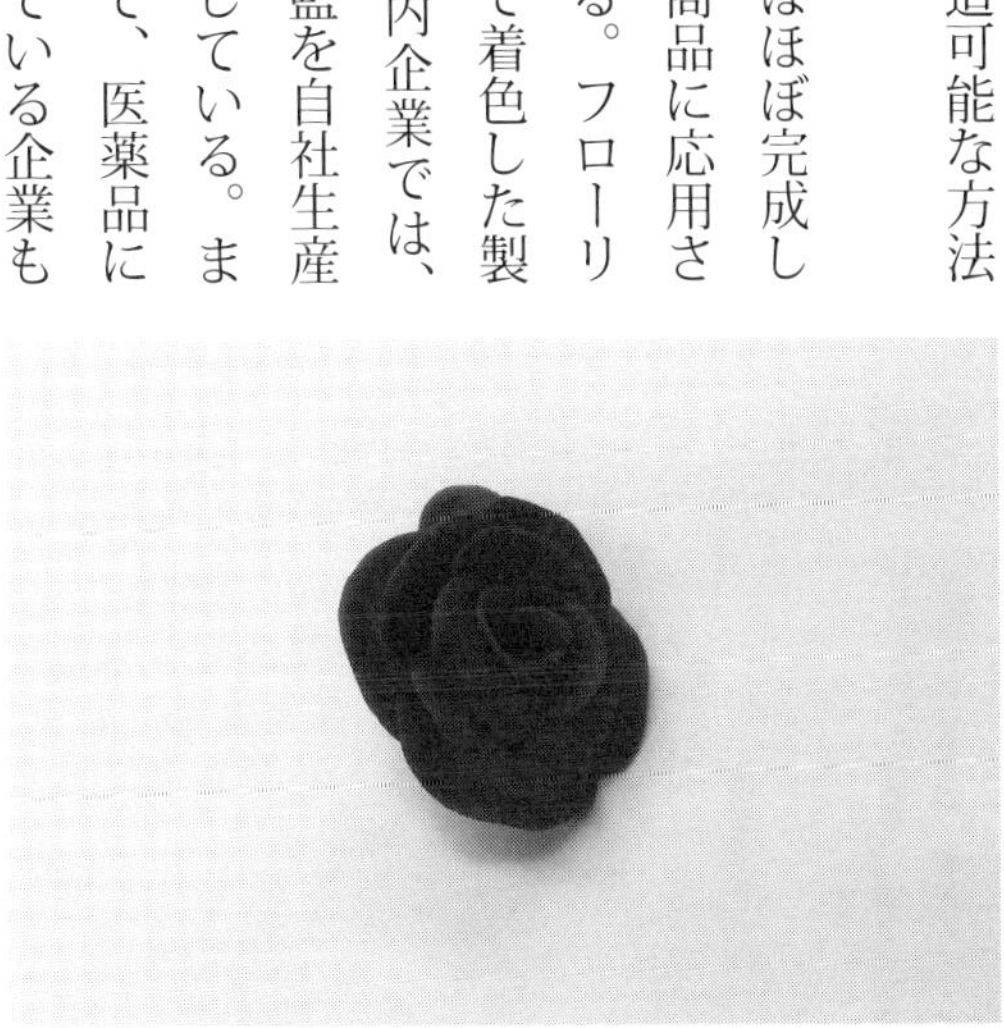
プラスチック製の青バラ。布以外への着色が可能に

◎画材としての可能性

　まだ製品化されていないが、筆者がこの沈殿藍を使って試作したクレヨンなどは、東京オリンピック・パラリンピックエンブレムのデザイナーとして有名な野老朝雄氏から大変高い評価をいただいている。天然藍PRの一環として様々なイベントに参加し、クレヨンや高品質沈殿藍そのものを使って来場者に自由に描いていただく、という展示を行なっているが、参加者の反応は非常に良好である。プロの書道家や画家の反応が特によく、是非販売してほしいとの要望を受けることも多い（フランスではウォードを使った絵の具やクレヨンが販売されている）。

クレヨン。開発中の高品質沈澱藍からつくられたもの

書道の世界では天然藍を用いた伝統的な藍墨が用いられているが、販売数が少なく貴重品であるようだ。開発中の沈殿藍は藍墨ほどの色素濃度はないが、藍墨として十分な品質を備えており、一定の需要が見込めそうである。

◎天然藍の持つインパクトを活かす

なお、イベントで展示の際は、必ず生きたタデアイを傍らに置いて説明するようにしている。この藍色が何の変哲もない緑の葉から生み出されることを解説すると、参加者が自分の描いている作品に、単なる色以外の価値を見いだしているかのような印象を受ける。開発者冥利に尽きる瞬間であるし、人々のこの反応こそ天然藍が再評価されていることの本質ではないか、とすら思える。乾燥葉や「すくも」よりも、生きた葉のほうが与えるインパクトは大きく、高品質沈殿藍に限らず、藍染めなどの天然藍製品をアピールするときに非常に効果的である。

藍の産地であるわが徳島県で、沈殿藍製法技術の開発を行なうことに疑問を感じるかも知れないが、これも天然藍の可能性を広げる取り組みの一環と考えている。ちなみに、かの渋沢栄一も沈殿藍事業に携わった一人である。これは当時輸入が増大するインド藍に対抗すべく取り組んだ染料用の沈殿藍事業であったが、残念ながら成功しなかったようだ。時は移り、顔料用途の沈殿藍技術開発を行なう時代になったが、この取り組みが成功し、天然藍文化・産業発展の一助になればと願っている。

書や絵画に植物の青を

（吉原　均）

引用・参考文献一覧

井関和代　2000年「藍植物による染料加工」「製藍技術の民族誌的比較研究」『大阪芸術大学紀要』（芸術23）p51―62　大阪芸術大学
今谷明　1981年「瀬戸内制海権の推移と入船納帳」（林屋辰三郎編）『兵庫北関入船納帳』　中央公論美術出版
牛田智　1999年「生葉染色の化学的な観察とその実際方法・藍の生葉染めによる絹の紫染め」『染色α』225号
大槻弘　1955年「阿波藩における藩政改革―藍作を中心として―」（堀江栄一編）『藩政改革の研究』　御茶の水書房
川崎充代・牛田智　2001年「いつでもできる藍の「生葉」染め～藍の葉の保存と染色方法」『染色α』246号
川人美洋子　2010年『阿波藍』　文化立県とくしま推進会議（特定非営利活動法人阿波農村舞台の会）
川人美洋子　2015年「染織情報α6」　染織と生活社
北澤勇二　2017年『染太郎の口伝帳　天然染料の巻　奥義相伝事』（改訂）クラフトふう　直接販売による私家版
吉川祐輝　1898年「阿波國藍作法」『農事試験場特別報告』（2号）p1―45
木村光雄　1990年『伝統工芸染色技法の解説』　色染社
木村光雄　1997年『自然の色と染め　天然染料による新しい染色の手引き』　木魂社
小池基之　1972年　書評「阿波藍譜・製藍事業篇」（三木與吉郎編）『三田学会雑誌』（74）p358、（77）p361　慶應義塾経済学会
後藤捷一　1960年「阿波藍」（地方史研究協議会編『日本産業史大系』7　中国四国地方編）　東京大学出版会
後藤捷一・山川隆平編　1937年『染料植物譜』　はくおう社
小橋川順一　2005年『沖縄　島々の藍と染色』　染織と生活社
小山弘　1983年『徳島県立農業試験場八十年史』（山本勉監修）p147―149　徳島県立農業試験場
近藤真二　1998年『地域生物資源活用大事典』（藤巻宏編）p3―7　農文協
逆瀬千洲　1943年「藍農工作之風景略図」「阿波藍絵巻図録」「藍農工作之風景略図」四国大学新あわ学研究所　徳島県教育印刷
佐野之憲編・笠井藍水訳　1976年『阿波誌』　歴史図書出版
高橋啓　1978年「徳島藩の中期藩政改革について」（後藤陽一編）『瀬戸内海地域の史的展開』　福武書店
高橋啓　1982年「近世後期吉野川流域の葉藍生産」（渡辺則文編）『産業の発達と地域社会―瀬戸内産業史の研究―』　渓水社
高原義昌　1965年「藍の発酵建」『染料と薬品』（10）4～6号　化成品工業協会
高原義昌ほか　1957年「藍還元細菌に関する研究」『工業技術院発酵研究所報告』第13号
高原義昌ほか　1960年「細菌による藍の工業的還元に関する研究」『醗酵工学雑誌』（38）4～7、9号
高原義昌ほか　1961年「細菌による藍の工業的還元に関する研究」『醗酵工学雑誌』（39）2～4号
高原義昌ほか　1962年「細菌による藍の工業的還元に関する研究」『醗酵工学雑誌』（40）2、3号
茶村修吾　1977年『農学大事典』（野口弥吉監修）　養賢堂
徳島県　1916年『御大典記念阿波藩民政資料』下巻
徳島県史編纂委員会　1964年『阿波年表秘録』（『徳島県史料』第1巻）
徳島県史編纂委員会編　1965年『徳島県史』第3巻　徳島県

徳島県立図書館編　１９７３年『続阿波国徴古雑抄』（金沢浩監修）　徳島県
鳥羽清　１９８９年『植物遺伝資源集成』第４巻（松尾孝嶺監修）　講談社サイエンティフィック
戸谷敏之　１９４９年『近世農業経営史論』　日本評論社
西野嘉右衛門　１９４０年『阿波藍沿革史』　思文閣
牧野富太郎　１９６１年『牧野新日本植物図鑑』　北隆館
三木與吉郎　１９６０年『阿波藍譜』栽培製造編　三木産業株式会社
三木與吉郎　１９７４年『阿波藍譜』史料編、上巻　三木産業株式会社
三木與吉郎順治　１９８７年「藍の栽培及製法」『阿波藍譜』栽培製造編　三木産業株式会社
村井恒治、吉原均　２０１５年「徳島県のタデ藍栽培における品種および省力化に関する取り組み」『特産種苗』）（21）、p93—97日本特産農作物種苗協会
山崎和樹　２００３年『自然の色を楽しむ　やさしい草木染』　日本放送出版協会
山崎和樹　２００６年『草木染めの絵本』　農文協
山崎和樹　２００８年『藍染めの絵本』　農文協
山崎和樹　２０１４年『草木染：四季の自然を染める』（新版）　山と渓谷社
山崎青樹　１９８２年『草木染日本の色百二十色』　美術出版社
山崎青樹　１９８９年『草木染日本色名事典』　美術出版社
山崎青樹　２０１２年『草木染染料植物図鑑』（新装版）１・２・３　美術出版社

● さくいん ●

≪著者紹介≫
吉原　均（よしはら　ひとし）　徳島県立農林水産総合技術支援センター専門研究員
山崎　和樹（やまざき　かずき）　草木染研究所柿生工房主宰
新居　修（にい　おさむ）　藍師・有限会社新居製藍所代表
川人　美洋子（かわひと　みよこ）『阿波藍』著者・工学博士
楮　覚郎（かじ　かくお）　株式会社BUAISOU 代表取締役
宇山　孝人（うやま　たかひと）　阿波和紙伝統産業会館理事
川西　和男（かわにし　かずお）　徳島県立城西高等学校教諭

≪アイ種子・栽培・利用ほか情報拠点≫
栽培・利用：徳島県立農林水産総合技術支援センター　TEL.088-674-1944
種子：徳島県立城西高等学校（植物利用科）　TEL.088-631-5138
アイ栽培・蒅（すくも）製造：新居製藍所　TEL.088-694-2455
染色：神奈川県川崎市・草木染研究所柿生工房　TEL.044-988-7817

地域資源を活かす　生活工芸双書
藍《あい》

2019年８月５日　第１刷発行
2023年４月５日　第３刷発行

著者
吉原 均／山崎和樹／新居 修／川人美洋子／楮 覚郎／宇山孝人／川西和男

発行所
一般社団法人 農山漁村文化協会
〒335-0022　埼玉県戸田市上戸田２-２-２
電話：048（233）9351（営業），048（233）9355（編集）
FAX：048（299）2812　振替：00120-3-144478
URL：https://www.ruralnet.or.jp/

印刷・製本
凸版印刷株式会社

ISBN 978-4-540-17215-1
〈検印廃止〉

装幀／高坂　均
DTP制作／ケー・アイ・プランニング／メディアネット／鶴田環恵
定価はカバーに表示　乱丁・落丁本はお取り替えいたします。